O guia do mochileiro terráqueo

Mauro Nakada

O guia do mochileiro terráqueo

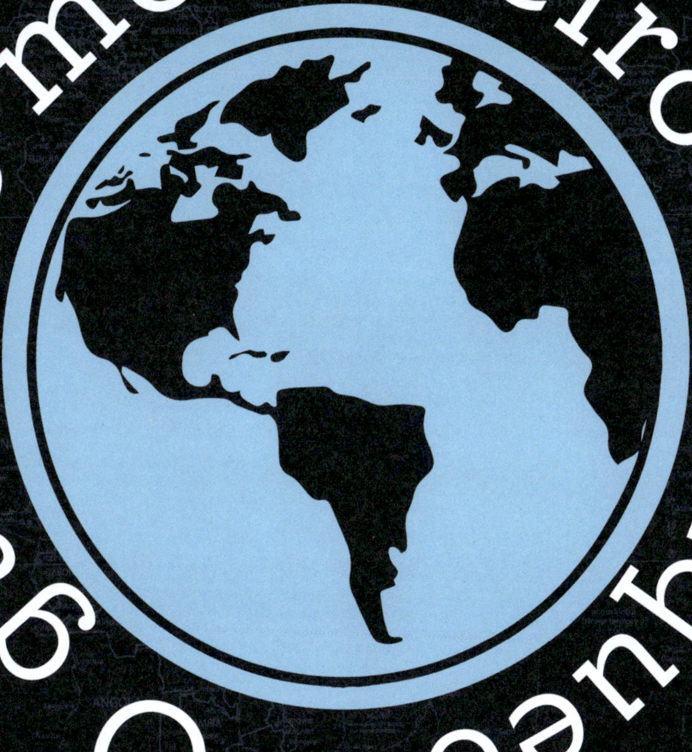

Em busca das 7 Maravilhas

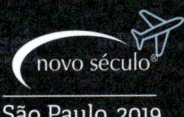

São Paulo, 2019

O guia do mochileiro terráqueo: Em busca das 7 Maravilhas
Copyright © 2019 by Mauro Nakada
Copyright © 2019 by Novo Século Editora Ltda.

COORDENAÇÃO EDITORIAL, EDIÇÃO DE ARTE E TEXTO: Vitor Donofrio

EDITORIAL
Jacob Paes • João Paulo Putini • Nair Ferraz
Rebeca Lacerda • Renata de Mello do Vale • Vitor Donofrio

Todas as fotografias que compõem *O guia do mochileiro terráqueo* foram tiradas por Mauro Nakada entre janeiro e novembro de 2017.

Texto de acordo com as normas do Novo Acordo Ortográfico da Língua Portuguesa (1990), em vigor desde 1º de janeiro de 2009.

Dados Internacionais de Catalogação na Publicação (CIP)

Nakada, Mauro
O guia do mochileiro terráqueo: Em busca das 7 Maravilhas
Mauro Nakada
Barueri, SP: Novo Século Editora, 2018.

1. Nakada, Mauro, 1996- Narrativas pessoais 2. Peru – Descrições e viagens 3. China – Descrições e viagens 4. Índia – Descrições e viagens 5. Jordânia – Descrições e viagens 6. México – Descrições e viagens 7. Itália – Descrições e viagens I. Título

18-2008   CDD-910.41

Índice para catálogo sistemático:
1. Viagens pelo mundo   910.41

NOVO SÉCULO EDITORA E DISTRIBUIDORA, LTDA
Alameda Araguaia, 2190 – Bloco A – 11º andar – Conjunto 1111
CEP 06455-000 – Alphaville Industrial, Barueri – SP – Brasil
Tel: (11) 3699-7107 | Fax: (11) 3699-7323
www.gruponovoseculo.com.br | atendimento@novoseculo.com.br

»Sumário

Apresentação 6   **Introdução** 9

7. **Itália**
Coliseu
137

2. **China**
Muralha da China
33

4. **Jordânia**
Petra
83

5. **México**
Chichén Itzá
101

3. **Índia**
Taj Mahal
61

1. **Peru**
Machu Picchu
13

6. **Brasil**
Cristo Redentor
117

Agradecimentos 159

Apresentação

POUCAS SÃO AS PESSOAS neste mundo que têm como principal aspiração construir um legado. E menos ainda são os jovens com tal propósito no coração. Em um tempo em que muitos apenas vivem sem conhecer verdadeiramente sua essência e para onde estão caminhando com sua existência, surge Mauro Nakada na minha vida.

Eu, um empresário sonhador e viabilizador de negócios para criadores de conteúdo.

Ele, um jovenzinho franzino com menos de 20 anos, 200 mil inscritos no YouTube e um brilho nos olhos típico daqueles caras que são, com certeza, fora da curva.

Ali nascia uma amizade para a vida toda. Esse é o dom do Mauro. Ele é companheiro, amigo, profissional e visionário. Enxerga muito além do que outros da sua geração.

Viajar pelo mundo em busca de histórias que alimentam a alma curiosa e criativa é o típico fruto que pessoas como o Mauro Nakada produzem.

Mas cuidado: ao consumir as próximas páginas, sua vida provavelmente será impactada pelo talento peculiar desse rapaz.

Ao ler as palavras dele, você será tocado por uma sensibilidade aguçada em traduzir os momentos vividos em lições aprendidas. Ao ver as fotos, poderá ser transportado para lugares em que jamais imaginou estar.

Devore este livro! Dê de presente para o máximo de pessoas que você ama e deseja que tenham uma vida acima da média. E, principalmente, para jovens que precisam se descobrir e encarar a vida. Sem medo. Cheios de ousadia. Intrepidez. Coragem.

Mauro Nakada é o cara mais corajoso que conheço.

Eu me inspiro.

Duvido que você não sinta o mesmo.

Gustavo Teles, setembro de 2018

▶▶Introdução

DEPOIS QUE SAÍ DE CASA PELA PRIMEIRA VEZ, nunca mais fui o mesmo. Voltei para casa diferente! Sempre tive o interesse de experimentar, tocar, cheirar, ver o mundo com meus próprios olhos. Babava nos meus livros de fotografia, nos filmes e documentários que mostravam lugares incríveis do mundo.

Lá estava eu, cursando faculdade de Cinema durante 3 anos! Era tudo o que eu sempre quis fazer: estudar mais sobre a sétima arte, minha paixão! Porém, a agenda já estava ficando lotada para os estudos, trabalho e projetos paralelos. Até que fui convidado a fazer dois trabalhos no exterior, em um período crucial no semestre do curso. As duas semanas nas quais me ausentaria seriam o suficiente para me reprovar por falta nas provas e na segunda chamada. Depois de muita indecisão, resolvi trancar o curso temporariamente e seguir os projetos que me levariam no futuro a conhecer um pouco mais do mundo!

O resto da história vocês já sabem. De 2016 para cá foram 21 destinos visitados, e entre eles estão as 7 Maravilhas do Mundo Moderno!

A jornada das 7 Maravilhas aconteceu entre janeiro e novembro de 2017.

- ✈ 14 países visitados;
- ✈ 107.766 quilômetros percorridos;
- ✈ 29 voos;
- ✈ 119 horas dentro de aviões.

Pousar em um novo país significa entrar em contato direto com sua cultura, música, culinária, pessoas, livros, filmes, obras de arte etc. Nada menos que uma explosão de estímulos que nos conecta com a raiz da história daquele povo.

Passei frio, passei calor, passei fome, comi bem, dormi pouco, descansei, 24 horas acordado, 12 horas dormindo, passei mal, vomitei, tomei banho gelado, tomei banho quente. Uma aventura de altos e baixos, de culturas totalmente distintas. De aprendizado, de fragilidade e de autoconhecimento. Uma jornada de tirar o fôlego, que envolveu tomar decisões, me virar pra conseguir comer algo que não me matasse, mesmo muitas vezes sem dominar o idioma do local onde estava. Fortaleci amizades, conheci pessoas, conheci histórias e mais do que aprender sobre a história das civilizações, descobri mais sobre mim mesmo.

Comi ceviche do Peru, guacamole do México, coxinha do Brasil, pizza da Itália, húmus da Jordânia, temperos da Índia, pato da China, *fish 'n chips* da Inglaterra, churrasco da Argentina, poutine do Canadá e um belo croissant francês.

Realmente, uma jornada transformadora! *O guia do mochileiro terráqueo* não é um livro sobre mim, mas sobre a vida, a cultura, a história. Sobre a humanidade. Sobre uma jornada.

É incrível como um livro é capaz de inspirar sonhos. Com apenas algumas páginas escritas em um papel e imagens, meu objetivo é levar você para as 7 Maravilhas do Mundo Moderno comigo.

Mauro

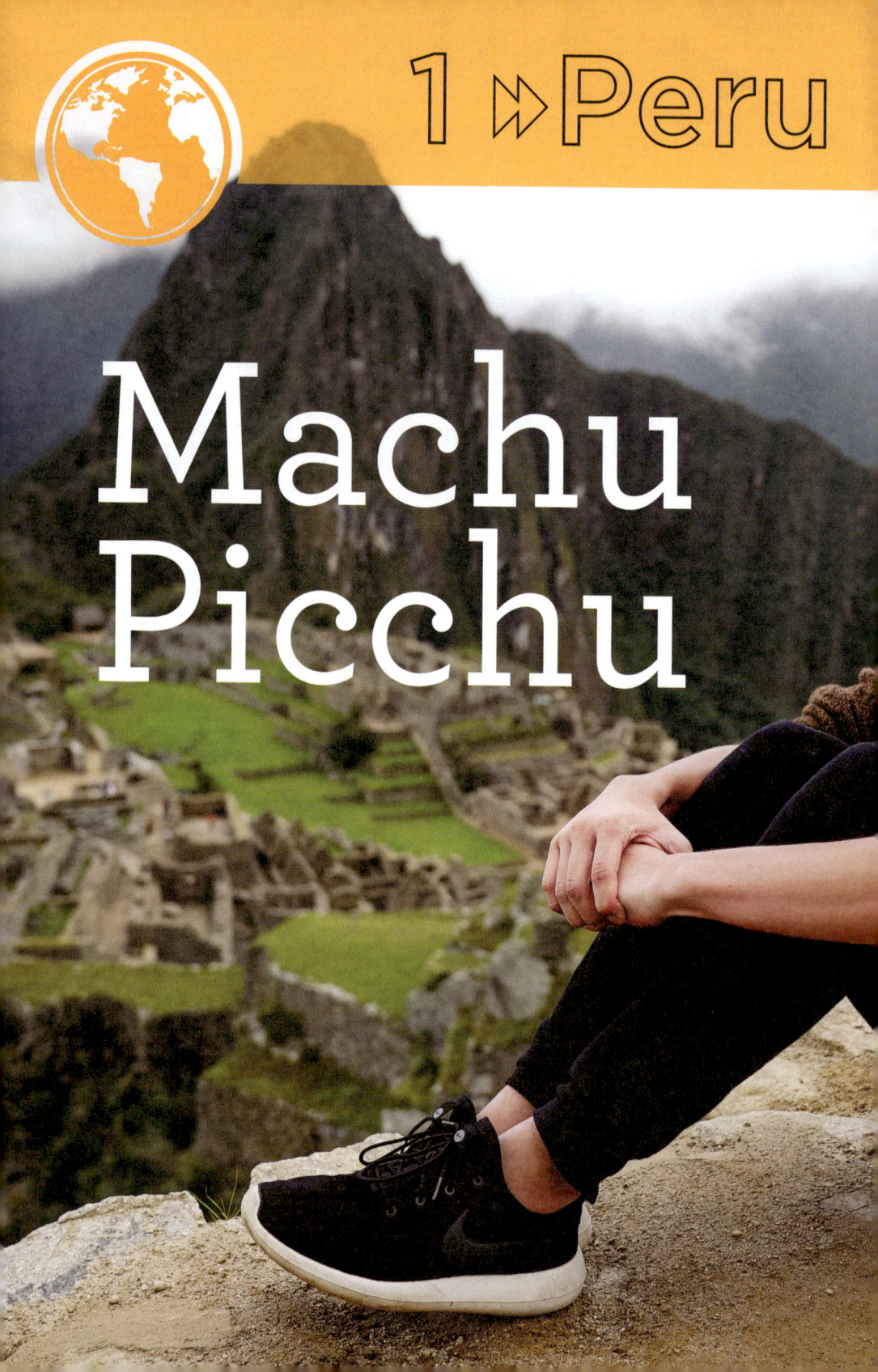
Machu Picchu

1 ▶ Peru

✈ **ÀS VEZES,** as aventuras começam e a gente nem percebe que já começaram.

Novembro de 2016. Meu primo Lucas me convidou para viajar com ele para Nova York em janeiro de 2017. Seria uma oportunidade de conhecer Nova York. Sempre tive o interesse, mas nunca a chance. Como em janeiro os trabalhos e os compromissos estariam mais escassos, aceitei. Ele já tinha comprado as passagens em julho; fui atrás das minhas somente em novembro, o que acabou nos colocando em voos separados. Tinha planos de ficar duas semanas em Nova York, gravar uns vídeos, tirar algumas fotos e voltar pra casa. A primeira coisa que fiz quando cheguei ao aeroporto JFK foi comprar um chip de internet de 5GB, para durar as duas semanas subindo, baixando vídeos e fazendo postagens, e um MetroCard parrudo pra ir e vir de metrô. Conheci todos os pontos turísticos da cidade. Há um aplicativo no meu celular que calcula quantos quilômetros e quantos passos você percorreu num único dia. No total, caminhei 163.866 passos em Nova York, o que equivale a 105,8 quilômetros.

Todo o trajeto foi feito a pé e de metrô, em pleno inverno. Teve neve alguns dias – algo de que, particularmente, não gosto tanto. É interessante passear por Nova York e ver de perto os lugares que você já conhecia dos filmes, das revistas, das séries. Mas

A Times Square

não é nada muito novo em questão de experiência, cultura. Fui para Nova York sabendo que seria a mesma coisa de sempre. Os Estados Unidos são um país incrível, mas nada tão diferente do que vivo aqui em São Paulo; a maioria dos restaurantes é igual, comidas parecidas, marcas que já conhecemos, nada que me desafiasse a pensar, a aprender, a ensinar.

Depois de conhecer a cidade de ponta a ponta, estava eu arrumando malas para voltar pra casa em dois dias quando recebi uma ligação via WhatsApp. Estava na banheira naquele exato momento (informação importante). Uma ligação que, com certeza, mudaria o rumo da minha vida.

Era sobre uma proposta de trabalho, para o qual eu precisaria ir ao Peru. Para Machu Picchu, mais precisamente, para realizar algumas gravações. Vou ser sincero e fiel aos fatos. Não aceitei de pronto; a princípio, pensei em recusar. Já estava tudo certo, voltaria pra minha casa em dois dias, com a mala quase finalizada e cheia de roupas de frio. Realmente, ir para o Peru e ficar mais cinco dias lá, num lugar totalmente desconhecido, não estava nos meus planos.

A ideia ficou rodando na minha cabeça durante todo o dia seguinte enquanto eu andava pelas ruas de Nova York. O motivo pelo qual não queria aceitar era mesmo muito bobo: não fazia parte dos planos. Não estava programado. Então, já pensei no transtorno que seria: perderia meu voo para São Paulo, iria com uma mala gigante, cheia de roupas de frio. Sei que parecem problemas bobos, mas na hora me atormentaram. Porém, visto que estava de saco cheio de viver as mesmas experiências de sempre, pensei que poderia ser interessante. Me lembrei de que tinha um amigo que morava no Peru, em Lima, e seria legal encontrá-lo antes de ir para Machu Picchu.

Eu não conhecia nada sobre o Peru, e nem como fazer para chegar a Machu Picchu. Mas aceitei a viagem. Meu voo sairia do aeroporto JFK às 6h35, ou seja, eu teria que sair do hotel naquela noite por volta das 2h00 para realizar o check-in internacional e despachar as malas. Foi o que fiz no dia 4 de janeiro. A noite baixou na cidade que nunca dorme, na Grande Maçã, entre outros nomes. Fiz o check-out no hotel e segui para o aeroporto. Nunca tinha visto um aeroporto tão vazio, só tinha eu na fila de despache de bagagem. Na verdade, eu nem precisaria ter chegado com três horas de antecedência, imaginei que o voo estaria vazio para Bogotá. Não era um voo direto: primeiro trecho de NYC (JFK) para BOGOTÁ (BOG), espera no aeroporto da Colômbia; segundo trecho de BOGOTÁ (BOG) para LIMA (LIM).

▶▶ Nada disso estava nos planos

Peguei o meu voo até Bogotá. Pousando na Colômbia, meu maior medo era me virar no espanhol. Seria o meu primeiro desafio na minha primeira viagem pela América Latina.

Cheguei por volta da hora do almoço. Eu nunca me garanti muito no espanhol, não dava muita bola para essas aulas na época da escola. Prestava bastante atenção nas aulas de inglês – até demais –, e quando chegavam as aulas de espanhol, eu pensava: "Ah, é só eu falar português bem devagar que eles vão me entender". Me enganei. Muito ingênuo da minha parte! Meu primeiro desafio foi almoçar. Tenho, inclusive, um histórico no navegador do celular realizando a pesquisa: "Como pedir comida em espanhol".

Peguei algumas dicas, fui a um restaurante do aeroporto e, enquanto lia o cardápio, pedia ajuda para meu amigo Luke, que mora no Peru. Luke é norte-americano, do estado de Wisconsin, e foi para Lima para aprender espanhol. Ele me ajudou a pedir comida e também me ajudou a pedir um refrigerante sem *hielo*. Consegui almoçar!

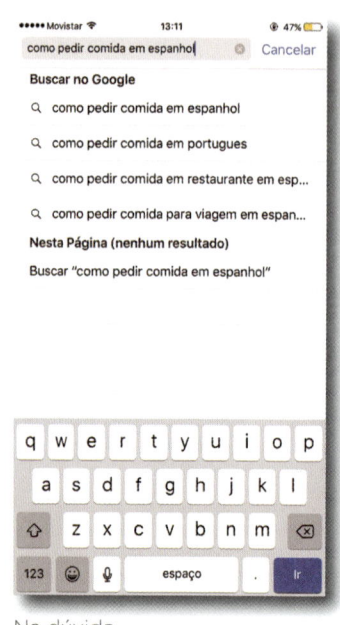

Na dúvida...

Mais tarde, enquanto aguardava para o embarque do próximo voo, já estava marcando de me encontrar com Luke quando chegasse a Lima. Iria passar só uma noite lá, e pela manhã seguiria para a cidade de Cusco. Conversando com Luke, eu disse que iria para Cusco e para Machu Picchu, e ele me disse que adoraria ir junto, pois já tinha ido uma vez para Machu Picchu e tido uma péssima experiência: o guia não o deixava tirar fotos do local. Pra piorar, começou a chover e tiveram que cancelar o passeio. Achei que seria muito interessante se ele fosse comigo, pois poderia me ajudar com o idioma e ainda teria a oportunidade de visitar Machu Picchu com dignidade. Convidei, pois tinha uma passagem a mais para um acompanhante. Ele aceitou na hora.

▶▶ Lima

O aeroporto de Lima me permitiu uma das melhores visões de dentro de um avião. Eu estava sentado bem na janela, e quando o piloto fez a manobra de descida para realizar o pouso, o avião virou, e pude ver o sol se pondo no Oceano Pacífico. Uma imagem incrível! A primeira visão que tive de Lima foi um por do sol esplêndido.

Pouso realizado, fui para o hotel para deixar as malas e me encontrar com Luke e outros amigos de Lima. Seguimos até um shopping a duas quadras do hotel, Shopping Center Larcomar, e fomos a um restaurante chamado Chili's, onde pude experimentar um pouco da comida local. Recomendaram que eu pedisse um lomo saltado, um prato com arroz, filé de carne cortado em tiras, batata, tomate, cebola e papas fritas, acompanhado da bebida local, a Inka Cola.

Visão de Cusco de dentro do avião

Fui intimado também pelos amigos de Lima a comer ceviche antes de ir embora do Peru (anotado). No fim do dia fiz mais dois amigos, que dividiam o apartamento com o Luke.

Três horas de sono, 4h00. Hora de ir ao aeroporto mais uma vez, dessa vez com destino a Cusco, que é uma cidade peruana situada no sudeste do Vale de Huatanay, ou Vale Sagrado dos Incas, na região dos Andes, com uma população de 300 mil habitantes. Uma cidade bem pequena, com ruas de pedras, e, em alguns lugares, contendo pedras incas nas paredes das construções.

Cheguei à cidade disposto a experimentar boas comidas locais. Andando pelas ruas de pedra, enquanto procurávamos algum lugar interessante para almoçar, chegamos a um restaurante vazio, com uma porta de entrada bem pequena. Um cardápio variado, com pratos locais e alguns outros internacionais. Comecei minha aventura gastronômica no nível iniciante, por ora. Pedi um prato de udon (culinária japonesa) e, para beber, um copo do refresco peruano, a chicha morada, que é um suco com aparência de suco de uva, mas feito de milho roxo!

A chicha morada é sempre servida fria ou gelada. A garçonete do local me disse que o maíz morado é um excelente antioxidante e que essa matéria-prima explica o pigmento do milho. É utilizado na prevenção do câncer de cólon, baixa a pressão sanguínea, age como anti-inflamatório e

Chicha morada

promove a formação de colágeno. Ou seja, é um refresco que faz bem pra saúde, com uma pitadinha de canela e gengibre.

Antes de ir para Cusco, fui alertado sobre o soroche, ou, melhor dizendo, o mal de altitude. Dizem que em Cusco cedo ou tarde você sente o baque da diferença de altitude. Por estar a 3.400 metros acima do nível do mar, a disponibilidade de oxigênio para respiração é menor do que no Brasil. É comum sentir dores de cabeça, falta de ar, fadiga, transtornos digestivos, falta de sono e de apetite. Algumas pessoas são mais sensíveis a esse fenômeno do que outras.

O Federico, um amigo meu (que voltará a aparecer neste livro), tinha ido para Cusco duas semanas antes de mim. Ele me disse que passou muito mal, teve diarreia, cansaço excessivo e me alertou para que não fosse de jeito nenhum para Cusco, que o mal estar acabaria com a viagem. Só que eu fui teimoso.

É comum ver nas farmácias remédios para evitar os efeitos da altitude, e não são tão caros. São vendidos em forma de balas e pílulas. Porém, decidi junto com Luke não tomar remédio algum para diminuir os efeitos da altitude. Nada de tomar remédios para cortar as sensações reais do local... Eu queria realmente sentir o lugar como ele é.

Ruas de Cusco

Jogando bola na rua

Foi bem interessante sentir como o corpo reage a situações adversas: subir um lance de escadas faz você se sentir como se tivesse jogado uma partida inteira de futebol. Eu achei o maior barato a maneira como andar um pouco cansava o corpo, dava dor de cabeça e vontade de descansar e tomar um ar. Para piorar, ao final do dia, compramos uma bola de futebol em uma sapataria e jogamos numa rua abandonada.

O primeiro dia em Cusco já tinha valido a viagem. Eu me peguei pensando: "Se não tivesse topado essa aventura, será que estaria descobrindo tantas coisas e me divertindo tanto em casa?". Eu com certeza estaria vivendo minha rotina sem aprender algo novo. Fiquei muito feliz por ter aceitado a viagem e sabia, lá no fundo, que não negaria essa nova experiência. Se não fosse aquele sim, este livro não existiria.

▶▶ Melancia amarela

Soube que em Cusco ainda havia comidas que eu não tinha experimentado e roupas com pelo de alpaca que não tinha vestido. Era hora de ir ao Mercado Central de San Pedro. Passados uns vinte minutos de caminhada pelas ruas de Cusco até chegar ao mercado, tínhamos visto de tudo: barracas de frutas, carrinhos ambulantes vendendo DVDs de música de calypso e lambada e também um carrinho de mão com melancias e melancias amarelas!

Nunca tinha visto algo parecido! Eu sabia que no Japão são cultivadas melancias quadradas, mas... melancias amarelas!? Eu tive que experimentar. Uma fatia custou um soles (novo sol), que é a moeda do Peru, cujo valor equivale a R$1,00. Qual o sabor da melancia amarela? Não é tão diferente da que conhecemos, só um pouquinho menos doce e mais azeda. Só que amarela.

Uma movimentação de pessoas, muitas pessoas, e um lugar só. Milhares de produtos diferentes: roupas, perfumes, chocolates, temperos, itens de cozinha, flores... Esse é o Mercado Central de Cusco. O mercado é imenso, do tamanho de dois grandes quarteirões. Eu imagino que a maioria dos moradores de Cusco faça as compras por lá. Andando pelo mercado, passei em uma lojinha de blusas feitas de pelo de alpaca e acabei levando uma de recordação. Elas são muito macias, confortáveis e quentinhas.

Encontrei uma cesta com várias bolas brancas. Como eu não fazia ideia do que eram, fiquei olhando e tirando fotos. A dona do quiosque veio então para perto de nós com uma cara de brava. Eu achei que ela fosse brigar comigo por estar tirando fotos e guardei a câmera na hora. No

Melancia amarela!

Batatas desidratadas da discórdia

entanto, ela viu que estávamos curiosos e começou a amigavelmente explicar o que eram aquelas bolas brancas.

Eram batatas. Desidratadas. Ela nos contou a história por trás daquelas simples batatas, que eram um dos principais alimentos dos incas nas conquistas de território. Os incas levavam batatas em grandes quantidades para alimentar a todos nas jornadas e, para não pesar muito durante as viagens, transportavam-nas desidratadas. Conversamos por algumas horas, e nessa conversa ficamos sabendo que no Peru há 3.532 variedades de batatas, a maior diversidade do mundo. A moça era cozinheira em um pequeno restaurante no Mercado Central e uma das poucas pessoas que sabiam quíchua. Ela, inclusive, nos ensinou algumas palavras.

O quíchua, língua falada pelos incas, era falado na região dos Andes. Hoje é utilizada por cerca de dez milhões de pessoas em diversos locais da América do Sul.

Depois de muito papo, a moça me ofereceu um prato feito com as batatas, que também levava pimenta e frango. Ela atirou na panela uma galinha inteira para ferver, e logo depois jogou as batatas desidratadas, pimenta e outros temperos, cozinhando tudo por cerca de dez minutos. As batatas absorvem o sabor natural da galinha e ficam muito saborosas, com uma textura bem macia.

No mercado, comprei um pacote com folhas de coca para mascar durante o dia. A dor de cabeça estava muito forte, e seria possível voltar ao quarto para descansar à tarde. Mascar a folha de coca ajuda melhorar a respiração em altitudes elevadas. O sabor é bem agradável e a língua fica amortecida... é bem curioso. A folha de coca também é bastante utilizada para fazer chá.

As ruas ao redor do Mercado Central funcionam como uma continuação do mercado, com muitas lojas e grande variedade de comércio. Encontramos uma rua que vendia somente flores, de todos os tipos, que são vendidas por moças que as cortam ali mesmo, e até montam um buquê especial, se o cliente desejar.

As ruas das flores

Procurando por um banheiro no mercado durante a tarde, passei pelos corredores e pedi ajuda aos vendedores. Eles me informaram que tinha um banheiro na rua, saindo de um dos portões do mercado, descendo a calçada. Um banheiro público embaixo do Mercado Central. Para utilizá-los é preciso pagar: 1 sole para o "número 1", 3 soles para o famoso "número 2".

Você entra no banheiro e pega um pote de sorvete cheio de água. Para os homens, há uma espécie de mictório com uma parede feita de azulejos, cheia de buracos de cimento. Você faz o que precisa ali mesmo.

Fiz xixi no mictório e usei a água do pote como descarga. De tempos em tempos uma mulher recolhe os potes e faz a higiene do chão com uma vassoura. Para as mulheres há uma cabine no chão, uma espécie de box com um buraco.

O mais legal da cidade de Cusco é que, andando pelas ruas e vielas de paredes feitas de pedra, você ocasionalmente se depara com lhamas e alpacas. Não é difícil encontrá-las. Topei com duas delas se alimentando. Cheguei perto pra brincar com elas e tirar algumas fotos. Para isso é preciso dar uma gorjeta ao cuidador de lhamas, que até ajuda e chama a atenção das alpacas para o clique.

Elas são muito amigáveis. Até tentei chamar atenção de uma delas e fazê-la cuspir em mim, mas não deu muito certo, pois ela era muito boazinha.

Ao final da nossa penúltima noite em Cusco, fui a um restaurante que conhecemos por meio de um panfleto que uns meninos entregam nas ruas. O turismo é uma grande fonte de renda para a economia local, então há muitos serviços voltados para turistas como passeios exclusivos, lojas de lembranças e restaurantes com comidas de vários países. Na maioria das vezes escolhíamos comer em lugares encontrados por acaso, menores, mas dessa vez fomos ao restaurante indicado no panfleto, que chamou minha atenção com o prato lomo saltado de alpaca.

A carne de alpaca é um prato especial servido em Cusco. Fiquei tentado a experimentar. Diferente do cuy assado, que me espantou. O cuy assado é tipo um churrasco, só que de porquinho-da-índia. É um prato bastante típico e muito apreciado. Você escolhe o cuy que desejar e então ele é assado na churrasqueira. Mas confesso que não tive coragem.

Lomo saltado em preparo. Vi no cardápio que também se servia ceviche, e eu não poderia ir embora do Peru sem experimentar o famoso ceviche. Então naquela noite pedi dois pratos principais.

O lomo saltado de alpaca é bem parecido com o lomo saltado convencional, mas com carne de alpaca, que é bem macia, suculenta e menos gordurosa que a carne bovina.

O ceviche peruano é feito de peixe cru marinado em suco de limão, muita cebola, pimenta e salsa. É muito

saboroso! Eu curto muito comidas apimentadas e de sabor azedo, mas aconselho você a tomar cuidado caso seja sensível a coisas picantes.

As iguarias peruanas são muito saborosas. Fico feliz em dizer que não comi por lá nenhum fast-food, apenas comidas locais.

▶▶ Machu Picchu

O dia mais longo. Dia de ir para Machu Picchu. Às quatro da manhã eu já estava de pé, sendo que nossa van tinha horário previsto para deixar o hotel às 4h45. Banho, colocar as baterias, câmeras, água, ingressos para os trens e ônibus na mochila. Não é nada fácil chegar a Machu Picchu. Quer dizer, pra mim já não estava sendo fácil, levando em conta o tanto que eu rodei pra chegar. Saí de São Paulo para Nova York, de Nova York para Bogotá, de Bogotá para Lima, de Lima para Cusco e de Cusco para Machu Picchu. Este último trajeto, porém, era o mais complicado de todos.

Pegamos uma van, que seguiu por uma linda estrada no interior, com vistas incríveis. O sinal de celular oscilava a todo momento, então tomei isso como um indício de que deveria largar mão do aparelho. Deixei o celular de lado pelo resto do dia e passei a curtir a paisagem.

A trilha sonora da nossa van não poderia ser melhor. Entre vários DVDs musicais, escolhi *Andes Perú: La orquestra del momento para todos los gustos*. A capa trazia um rapaz de camiseta preta usando uma túnica colorida de pelo de alpaca, de costas para Machu Picchu. Confesso que escolhi o DVD por causa da capa, mas as músicas peruanas estavam muito boas.

O motorista da van nos deixou numa estação de trem bem pequena. Havia um mercadinho ao redor com produtos locais e alguns souvenires. Entreguei os bilhetes na estação, e daí tivemos que esperar por uns vinte minutos até o trem sair. A estação tinha apenas duas linhas de trem, uma para ir e outra para voltar.

Música para todos os gostos!

Eu estava tirando algumas fotografias da estação, então decidi comprar uma água e ir ao banheiro antes de embarcar... Nessa, quase perdi o trem. Quando saí do banheiro, todos já tinham entrado e o comissário já dava o último aviso de embarque. Saí correndo feito louco e embarquei.

As poltronas do trem eram muito confortáveis. O teto era de vidro, o que permitia uma melhor visão do caminho. Ao longo da viagem, foram servidas algumas comidas locais, chá de coca, salgadinho de milho, chicha morada e alguns doces. A história de Machu Picchu era contada por um narrador por meio de caixas de som, que também tocavam algumas músicas típicas.

As paisagens que vimos de dentro do trem eram incríveis, realmente de tirar o fôlego.

Seguimos para a cidade de Aguas Calientes. Ao desembarcar, entramos direto num ônibus que subiu por uma estreita estrada de terra até Machu Picchu. Um trajeto longo. No total:

- Duas horas de van até a estação de trem Ollantaytambo;
- Duas horas de trem até a cidade de Aguas Calientes;
- Quarenta minutos de ônibus até a entrada de Machu Picchu.

Penso que, se o caminho não fosse tão longo, cansativo e desafiador, não teríamos a mesma sensação de dever cumprido ao chegar ao topo da montanha e avistar a cidade de Machu Picchu.

Por fim, chegamos ao topo. Apresentei meu passaporte e meu ingresso. O dia estava nublado e um pouco abafado. Eu estava me acostumando a altitude, então subir os degraus já não me cansava tanto. Os primeiros passos pelas ruínas são por pedras planas, mas avançando um pouco já começam as trilhas e degraus gigantescos formados por pedras altas. Você não entra nas ruínas e dá de cara com aquela famosa vista de Machu Picchu: é preciso andar um pouquinho até chegar lá.

Subimos muitas escadas. Ao olhar para os lados eu só via montanhas e nada mais; é realmente muito alto lá em cima.

A história de Machu Picchu é incrível! Seria necessário um livro inteiro para contá-la toda, mas vou fazer um breve resumo do que ouvi e anotei das informações passadas pelos guias.

Início da trilha em Machu Picchu

Conhecida como a Cidade Perdida dos Incas, Machu Picchu foi um dos mais importantes centros urbanos da antiga civilização inca. O homem que reinava sobre o povo quíchua era conhecido como Filho do Sol. Machu Picchu significa "velha montanha", e foi construída no século XV.

Uma dúvida ficou martelando na minha cabeça, e sanei-a com um guia que estava lá perto. Ele aproveitou a deixa e resolveu explicar ao grupo inteiro. Afinal, quem encontrou Machu Picchu? Por acaso um sujeito estava lá de boa andando a 2400 metros acima do nível do mar e encontrou, por acaso, uma cidade perdida? O guia disse que Machu Picchu foi descoberta em 1911, e não se sabia ao certo qual era a localização da cidade. Sabia-se que a montanha estava no caminho inca, composto de túneis cavados nas rochas, que interligavam todo o império inca e seus cerca de quarenta mil quilômetros. A descoberta foi feita pelo arqueólogo norte-americano Hiram Bingham durante uma expedição.

Subindo mais um pouco, finalmente deparamos com a famosa vista da cidade, com a montanha Huayna Picchu ao fundo.

A parte mais legal de visitar Machu Picchu foi poder ficar sentado por uma hora observando a cidade de cima. Fiquei ali imaginando as pessoas vivendo, subindo e descendo escadas, colhendo nas plantações, brincando com as lhamas, cozinhando, fazendo as atividades na cidade. Por alguns instantes pude relaxar, contemplando a beleza do lugar, respirar fundo e absorver aquela energia. O vento no rosto, a brisa, o cheiro da natureza, o silêncio no alto da montanha... Todas essas são sensações que potencializam a energia poderosíssima que emana daquele lugar.

Valeu a pena cada segundo. Valeu a pena ter saído de Nova York com a cabeça tomada por dúvidas e inseguranças e voltar com mente e alma limpas. Aquela sensação de que tudo deu certo no final e de que tudo foi muito melhor do que se poderia esperar.

Antes de ir para Machu Picchu, eu tinha o desejo de conhecer o mundo, mas não sabia por onde começar. Mas agora meu passaporte tinha um carimbo muito especial.

Eu me lembrei de que Machu Picchu é uma das 7 Maravilhas do Mundo Moderno. Eu não sabia por onde começar e, de repente, percebi que já tinha começado. Agora só faltavam seis! 🌍

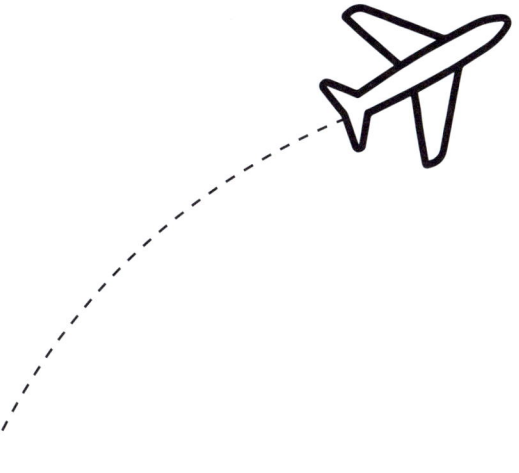

2 » China

Muralha da China

✈ UMA SEMANA ANTES de embarcar em minha jornada para a Ásia, uma angústia tomou conta do meu corpo. Estava inquieto, o nervosismo vinha de cinco em cinco minutos. Eu lá de boa, conversando com os amigos e, de repente, uma pausa no papo... Então me tomavam o nervosismo e a angústia. Parecia que sempre que o assunto China vinha à minha mente eu instantaneamente paralisava, procrastinava os preparativos da viagem e tentava me esquecer de que realmente iria para aquele lugar. Na época, não comentei com ninguém, mas muitas coisas passavam pela minha cabeça. O fato de ser uma viagem de mais de trinta horas já me assustava, o medo de não conseguir me comunicar, não conseguir acessar a internet. Para quem sofre de ansiedade, tudo vai virando uma tempestade. Quando se viaja, o mais correto é separar os documentos com antecedência, dar uma checada na temperatura do local para escolher melhor quais peças de roupa colocar na mala, decidir o quanto de dinheiro levar...

Então, eu não fiz nada disso. Eu já sou desorganizado normalmente, mas dessa vez me superei, e olha que até tive um bom tempo para deixar as coisas em ordem, duas semanas. Mais do que o suficiente, eu diria. Bem, isso para uma pessoa organizada, claro.

Depois de minha aventura em Machu Picchu, voltei para casa num voo de cinco horas de Lima até São Paulo. Uma tosse me acompanhava desde Cusco, e achei que fosse por conta da variação de temperatura em tão pouco tempo. Do frio extremo de Nova York, incluindo alguns dias com neve, para o Peru, com uma temperatura relativamente elevada em pleno verão do hemisfério sul.

Pousei então em São Paulo, crente de que essa tosse passaria logo. Um mês, e nada. A uma semana de embarcar para a China, minha mãe ficou preocupada e me aconselhou a visitar um clínico. Hospital, fila gigantesca. Toda uma galera tossindo também. *Deve ser a poluição*, pensei. Ao passar pela triagem, estava com a pressão baixíssima. Eu realmente andava me sentindo fraco nas últimas semanas. Fui finalmente atendido e passei por uma bateria de exames: sangue, raio X do pulmão, inalação. Então veio o diagnóstico: pneumonia. E não era um mero início de pneumonia, ela já estava bem avançadinha, como disse a médica. Ela também alertou de que se eu fizesse uma viagem longa de avião – e eu faria duas – naquele estado, a doença poderia progredir muito rapidamente devido à baixa quantidade de oxigênio na cabine, e eu poderia acabar morrendo (pneumonia é uma doença perigosa mesmo). Tomei um baita susto. De São Paulo a Pequim são mais de trinta horas. Você pode imaginar o que poderia ter acontecido se eu não tivesse sido diagnosticado a tempo.

O período de tratamento levaria dez dias, e eu tinha sete até o dia do embarque. Havia chances reais de perder a aventura e minha jornada ir por água abaixo. Remédios comprados, tratamento iniciado. Quatro medicamentos diferentes, antibióticos, expectorantes, vitaminas e inalador três vezes ao dia, e muito repouso. Tudo indo bem até que no meio desse tratamento aconteceu o Lollapalooza. O evento poderia ser responsável por comprometer minha viagem à China, pois eu deveria estar em repouso nesse dia... Mas não poderia perder por nada, havia comprado os ingressos cinco meses antes. Estava muito ansioso para assistir os shows do Marshmello e do The Chainsmokers.

Valeu a pena? Com certeza! É incrível poder ouvir as suas músicas favoritas tocadas pelos seus artistas favoritos. O maior som, todo mundo ao seu lado curtindo junto a mesma música que você. Realmente incrível. No dia seguinte, retornei ao hospital para receber alta. Se tivesse alta, poderia viajar e continuar tomando os remédios de lá.

– Mauro, você avançou muito bem no tratamento, pode viajar – disse a médica.

Comecei a fazer a mala apenas três horas antes de embarcar. Camisa, blusa, shorts de piscina, calça. Você pode até duvidar, mas até jaqueta para neve eu incluí na bagagem.

– Ô Mauro, como está a temperatura na China? – perguntou o meu pai.

Putz, eu realmente não tinha pesquisado. Dica: não seja desorganizado como eu. Mala feita. Partiu China!

O caminho para o aeroporto não foi diferente de aventuras anteriores. Meu coração estava de novo dividido entre ansiedade e angústia. Ansiedade por conhecer um lugar novo, incrível e cheio de história. Angústia pelo medo do desconhecido.

É engraçado como às vezes tememos o desconhecido. Depois, até achamos bobo esse medo em relação a algo que ainda nem aconteceu e que, por fim, pode ser bem melhor do que poderíamos imaginar.

Muitas dúvidas me cercavam. Será que eles comem cachorro mesmo? Será que vou ter que comer cachorro? Será que a China é tão suja quanto dizem ser? Será que vou conseguir me virar lá? Será que vou conseguir acessar a internet pra pedir ajuda aos meus familiares? (Me disseram que é complicado acessar a internet na China, pois o uso de redes sociais como Facebook, Instagram e YouTube é bloqueado pelo governo).

Check-in feito, malas despachadas. Agora não dá mais pra voltar.

- Trinta e duas horas em trânsito;
- Dez horas de São Paulo a Toronto;
- Dez horas de espera em Toronto;
- Doze horas de Toronto a Pequim.

Nota: Eu não estava viajando sozinho (não dessa vez). Fui junto com a equipe de produção de um programa de TV sobre viagens. Éramos em quatro rumo a China para conhecer e gravar o máximo que conseguíssemos. Estávamos: Rodrigo Ruas, Rodrigo Stupelli, Marisa Maruco e Mauro Nakada.

Chegando a Pequim, desembarcamos no maior aeroporto do mundo, com seu terminal descomunal, o Mega-Terminai 3. Ele tem o teto inteiramente feito de vidro, construído para as Olimpíadas de 2008. Na parte de fora, o teto tem um formato curvado, dando a impressão de que estamos dentro de um casco de tartaruga gigantesco.

Pisando pela primeira vez nas ruas de Pequim, com mala e tudo, a primeira coisa que pensei foi: *Uau, que ruas limpas!*

O carro que a produção havia reservado (uma mini van) não estava disponível, então tivemos que nos contentar com o carro reserva. Uma única mala ocupou sozinha quase todo o espaço do porta-malas. O jeito foi levar o resto da bagagem no nosso colo. Cinco pessoas apinhadas num carro em que mal cabiam quatro (quatro pessoas da nossa equipe e o Mike, nosso guia).

No caminho para o hotel, Mike desviou do trajeto e ofereceu um jantar num restaurante de lámen, um local bem tradicional, com todos os cardápios escritos em mandarim. Lá, os atendentes só falavam chinês. Vamos escolher o prato na sorte mesmo? Nos dedos, pode ser. Nessa roleta russa de pratos, até que não me dei mal... Peguei um lámen vermelho, apimentado, com carne de porco. Eu diria que acertei na escolha. Mike tinha pedido uma salada de entrada e um tofu temperado, que não parecia com tofu, pois tinha uma textura de carne, bem saboroso. Quando voltar pra China, vou tentar pedir o mesmo tofu mostrando só essa foto que eu tenho.

Pequim é incrível. Tenho muito a dizer sobre esse lugar, mas, primeiro, vamos dar um pulinho nas outras cidades que visitei na China, depois voltamos para lá.

▶▶ Xangai

Vamos lá, Xangai, muito prazer. Quando o avião estava pousando, era possível ver lá de longe os arranha-céus espelhados, prédios futuristas e carros caros de um lado para o outro. Em Xangai me senti vinte anos à frente do resto do mundo. Perto do hotel em que nos hospedamos ficava um prédio com um apelido muito

Lámen e tofu

Xangai à noite, com destaque para a Shanghai TV Tower (à esquerda)

interessante: "Abridor de Garrafa". Perto de nós também estava uma das maiores torres do mundo, a Shanghai TV Tower.

Precisamos falar de Rodrigo Stupelli, nosso querido cinegrafista. Ele virou uma atração nas ruas de Xangai pelo simples fato de ser mais fortinho e ter muitos pelos. Por esses motivos, os chineses ficavam fascinados ao vê-lo; eles o encaravam, e alguns até arriscavam pedir para tirar fotos com ele.

Naquele momento da minha vida, a pizza mais saborosa que comi foi num restaurante chamado Calypso, na região central de Xangai, próximo ao Centro de Exibição, no térreo do hotel Shangri-la. A aparência da pizza era bem boa, mas fiquei encanado com o sabor que poderia ter. Queijo, um molho de tomate reluzente, rúcula e verduras no topo da pizza. Foi só dar uma mordida que o sabor duvidoso criado pela minha mente foi embora. Pizza muito saborosa, com uma textura ideal, que acabou ocupando o primeiro lugar no meu pódio de melhores pizzas instantaneamente (Não por muito tempo, pois na Itália minha percepção de pizza mudaria radicalmente).

Mesmo com prédios gigantescos e futuristas e carros de luxo pra todo lado, Xangai possui seu lado histórico e milenar. Visitamos o templo Longhua. É um templo budista dedicado a Maitreya Buddha. Embora a maioria dos edifícios sejam reconstruções, o templo preserva o design arquitetônico de um mosteiro da dinastia song da Escola Chan. É o maior, mais autêntico e completo complexo do templo antigo da cidade de Xangai. Foi interessante ver a quantidade de obras esplêndidas, algumas delas com mais de dois mil anos.

Pizza de Xangai

Templo Longhua, dedicado a Maitreya Budda

Water Village (Vilarejo da Água), a "Veneza" da China

Ao sairmos um pouco da cidade rumo ao interior, cinquenta quilômetros de estrada, aproximadamente, chegamos à Water Village (Vilarejo da Água), mais conhecido como Veneza da China. Em Xangai existem aproximadamente oito cidades semelhantes a Zhujiajiao, que é a que visitamos. Zhujiajiao tem 1.700 anos e sua paisagem contém muito da arquitetura da dinastia ming-qing, com pontes e ruas antigas e velhos templos budistas e taoístas. Para visitar a antiga cidade, o ideal é que se reserve um dia inteiro. Há lojas para diversos gostos, e dá pra passear de barco. Quando você visita a cidade, o belo visual fica gravado em sua memória: barcos tradicionais navegando por águas claras, antigas pontes atravessando os rios, ruas ancestrais que se estendem por toda a cidade. É um local impregnado de memórias e cheio de charme.

Na volta para Xangai há um intenso comércio de produtos carinhosamente apelidados por nós brasileiros de "xing-ling". Não foi nada fácil encontrar um centro comercial desses na cidade, é quase uma raridade. Imaginei que chegaria à China comprando produtos eletrônicos por quilo, que iria voltar com vários cartões de memória, que compraria diversos modelos diferentes de tênis e encontraria diversas lojas nas ruas (me enganei).

Nosso guia explicou que os preços na China não são diferentes dos do resto do mundo, e que os tênis são mais baratos nos Estados Unidos, inclusive. Ele nos contou que recentemente seus filhos fizeram uma viagem para os EUA e trouxeram sete pares de tênis Nike para a família.

Pegamos o metrô numa estação próxima ao hotel, carregamos nosso bilhete e seguimos por três estações até chegar ao centro comercial. Um mini shopping com corredores bem apertados, no subsolo, no mesmo nível do metrô. Passeando pelos corredores encontrei alguns produtos muito engraçados.

O macete de comprar nessas lojas é negociar! Os produtos estão sempre com preços muito abusivos, então os vendedores já estão acostumados a negociar o valor. Nesse shopping, por exemplo, encontrei um gatinho dourado que mexia a pata.

Perguntei o valor ao vendedor. 200RMB, ou 100 reais pelo câmbio da época (honestamente, aquele gatinho dourado não valia isso). Nosso guia disse que o valor real do produto é de cerca de 20% do que o vendedor oferece. Então, no caso do gato, seriam aproximadamente 40RMB. Seria justo pagar R$20,00 naquele gatinho dourado. Logo, para conseguir chegar nesse preço, fiz a proposta de 30RMB (tem que chutar baixo, e então o vendedor sobe um pouco e você paga o quanto acha que deve pagar). O vendedor, então, negou a proposta, achou um absurdo baixar de 200 para 30. Nada fechado. Daí virei as costas e saí em direção a outra loja. Nisso, o vendedor me chamou de volta e pediu para que eu desse o último preço pra fechar. "Pago 40RMB, no máximo". Relutante, ele aceitou e me deu uma sacolinha. Fim da negociação.

Vi algumas vezes nos corredores pessoas brigando fervorosamente durante as negociações. Os nervos ficam à flor da pele nesses shoppings. A parte mais legal de comprar os produtos é negociar.

Terminadas as compras, saímos pelas ruas e acabamos dentro de um mercado local. Tom, nosso guia, nos levou para tomar um chá em uma casa de chá tradicional da qual ele havia sido dono. Para chegar lá era preciso adentrar uma rua bem apertadinha, entrar numa loja de souvenirs e subir por uma escada lá dentro. Nos sentamos e vimos Tom preparar vários tipos de chá diferentes. Um método minucioso para preparar cada um deles. Três tipos diferentes de conservação da erva resultam em diferentes tipos de chá: o preto, o verde e o meio a meio.

▶▶ Hong Kong

Após explorar Xangai por quatro dias, voltamos para o aeroporto e partimos para Hong Kong, o lugar que eu estava mais ansioso para conhecer depois da Muralha da China. Já conhecia Hong Kong de longe, de filmes que assisti quando era pequeno e também pelo fato de Jackie Chan ter nascido lá, assim como Bruce Lee. Já sabia muito sobre a cidade antes mesmo de ter pisado lá.

Por conta da neblina, nosso voo teve um atraso de aproximadamente quatro horas. O pouco que fiquei na China foi o suficiente para reparar na forte poluição. Em alguns dias não foi possível ver o sol, apenas identificar sua posição pela claridade maior através das nuvens de poluição, com aquela luz bastante difusa.

Aeroporto de Hong Kong

A espera no aeroporto de Xangai durou quatro horas. Caminhei de um lado para o outro pelos portões de embarque, fiquei observando as pessoas embarcarem e, por fim, decidi deitar embaixo de algumas cadeiras e tirar um cochilo. Passei num restaurante chinês que vendia dumplings (bolinho típico chinês feito com legumes ou carne). Já tinha comido dumplings na Tailândia certa vez, mas nosso amigo Tom disse que deveríamos experimentar um bom dumpling chinês. E não é que ele estava falando a verdade? Estava bem mais saboroso do que o da Tailândia – que também era muito bom.

Embarcamos! E, finalmente, chegamos a Hong Kong! Saindo do aeroporto notei algo bem diferente: sol. Muito sol! No caminho da cidade, muitas árvores, muita grama e grandes morros verdes. A primeira coisa que pensei foi: *Estou no Rio de Janeiro?* Toda aquela água, aquele verde, o sol, o clima litorâneo, tudo me fazia lembrar do Rio. Uma mistura interessante de Rio de Janeiro com Inglaterra. Os carros guiados em mão inglesa. Para quem não sabe, Hong Kong tornou-se colônia do Império Britânico após a Primeira Guerra do Ópio. Hoje já não é uma colônia, mas muitos traços da cultura britânica permaneceram.

Como chegamos um dia antes de nossa reserva, tivemos que caçar um hotel para uma noite apenas. Até que não foi tão difícil, e ficamos no primeiro que encontramos. O elevador tinha capacidade para apenas uma pessoa e bagagem, então foram necessárias quatro viagens para subir todas as malas. O "hotel" ficava em um prédio residencial. O dono "customizou" o apartamento, reorganizou os quartos e as paredes de modo a conseguir três dormitórios. Em cada um deles, duas camas pequenas de solteiro e um minúsculo banheiro, no qual mal cabia uma pessoa. Para abrir a porta do quarto, era necessário colocar as malas em cima da cama, ou a porta não abria completamente. O único espaço que tínhamos para colocar as malas era o da abertura da porta.

Resolvi ir tomar um banho. Chuveiro aberto, cinco minutos de água caindo e nada de esquentar. Stupelli, que estava dividindo o quarto comigo, disse que havia tentado tomar banho antes e a água não havia esquentado. Nada melhor que um banho congelante!

Saí para dar um passeio pelas ruas de Hong Kong. Calor, umidade, um clima bem tropical. Muitas lojas e vários pequenos shoppings para todos os lados. Creio que o bairro em que ficamos nesse primeiro dia era turístico, voltado ao comércio. Tomamos o café da manhã em uma lanchonete e saímos daquele protótipo de hotel para um que tinha um chuveiro que esquentava. Por sorte, ficaríamos no Shangri-La. Pegamos a bagagem, quatro viagens de elevador, sete malas num táxi. Os táxis de Hong Kong são todos iguais, assim como em Londres. Achei que o porta-malas do veículo não comportaria todas as malas e que teríamos que nos separar em dois carros. O taxista foi então colocando mala por mala no porta-malas até que todas coubessem. No entanto, a porta ficou aberta, e ele então pegou uma corda e amarrou as malas e a porta.

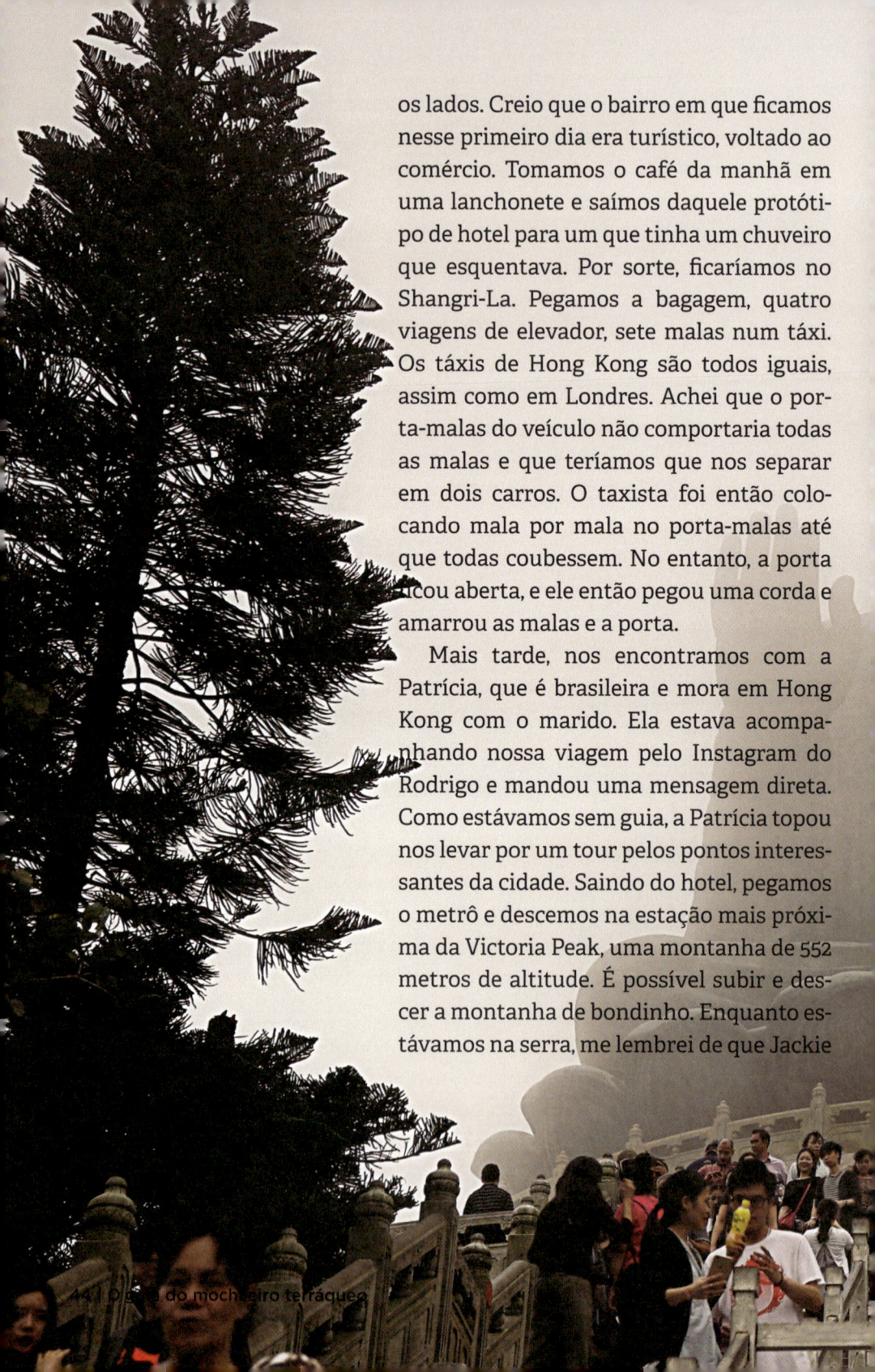

Mais tarde, nos encontramos com a Patrícia, que é brasileira e mora em Hong Kong com o marido. Ela estava acompanhando nossa viagem pelo Instagram do Rodrigo e mandou uma mensagem direta. Como estávamos sem guia, a Patrícia topou nos levar por um tour pelos pontos interessantes da cidade. Saindo do hotel, pegamos o metrô e descemos na estação mais próxima da Victoria Peak, uma montanha de 552 metros de altitude. É possível subir e descer a montanha de bondinho. Enquanto estávamos na serra, me lembrei de que Jackie

Chan havia nascido lá e também tinha uma casa em Victoria Peak.

As linhas de metrô cobrem grande parte da cidade de Hong Kong. Para visitar o Big Buddha, saímos na estação Tung Chung. Para chegar ao monumento, porém, teríamos que pegar um táxi. Para subir a montanha não se pode pegar os táxis vermelhos da cidade, apenas os azuis são autorizados a fazer aquela rota. O Big Buddha fica numa ilha distante do centro da cidade. Com a Patrícia, precisávamos de cinco lugares em um carro, então tivemos que procurar um táxi azul com cinco lugares. Você deve estar se perguntando: "Como assim cinco lugares?" No caso, um táxi de seis assentos: cinco passageiros mais motorista. A disposição é um pouco engraçada. Três passageiros vão atrás e dois na frente, ao lado do motorista. Foram trinta minutos de estrada até chegarmos aos pés do Big Buddha. A estradinha subindo a montanha é muito linda.

Chegando ao topo, para chegar perto das escadas do Big Buddha, passamos por um corredor que trazia as estátuas de doze soldados, uma para cada signo do horóscopo chinês (porco, cão, galo, macaco, carneiro, cavalo, serpente, dragão, coelho, tigre, boi e rato).

Estátua do Big Buddha

Tian Tan Buddha, popularmente conhecida como Big Buddha, é uma estátua de bronze gigantesca do Buddha Shakyamuni completada em 1993, em Ngong Ping, Lantau Island, Hong Kong. A estátua fica ao lado do monastério Po Lin Monastery e simboliza o relacionamento harmonioso entre homem e natureza, pessoas e fé. A estátua tem 34 metros de altura e pode ser vista em toda a baía desde tão longe como Macau, num dia claro. Tivemos que subir 268 degraus para chegar aos pés do grande Buda.

A mão direita do Buda permanece levantada, representando a remoção da aflição, enquanto a esquerda fica aberta no colo, num gesto de generosidade. A estátua do Buda está direcionada olhando para o norte, algo único entre as grandes estátuas de Buda, pois todas as outras estátuas estão apontadas para o sul.

Uma névoa espessa cobria parte do Big Buddha ao longo da grande escadaria, o que causou frustração a alguns dos turistas. Eu, no entanto, estava achando incrível. A névoa dava um tom misterioso ao imenso ícone de bronze.

No fim da tarde seguimos para o centro, no Lady's Market, um famoso mercado de rua de Hong Kong no qual é possível encontrar de tudo. É claro que eu não poderia deixar de experimentar uma boa comida local. Fomos a um restaurante de rua que foi carinhosamente apelidado pela Patrícia e pelo Palmer de "Sujinho". Não é possível ver a cozinha, as mesas baixas de plástico ficam espalhadas pela rua e não há guardanapos, palitos de dente nem sal, apenas um rolo de papel higiênico e um pote de amendoim. Pedimos bolinhos de camarão, dumplings e outros petiscos. A comida de rua de Hong Kong é realmente saborosa.

Em alguns restaurantes de rua há baldes com alguns peixes que podem ser escolhidos na hora. Em outros encontramos também caranguejos, tartarugas, lulas e polvos.

Para comprar um carro em Hong Kong você precisa provar que tem um local para guardá-lo. Pode ser uma vaga no prédio ou mesmo um aluguel de estacionamento. Como o espaço é limitado, com apartamentos pequenos, é preciso esse comprovante para conseguir a documentação. A maioria dos moradores faz seu trajeto de metrô ou a pé, pois o sistema de transporte público é muito organizado e limpo.

Visitamos a cidade de Kowloon. Para chegar ao outro lado da ilha pegamos um barco para atravessar a Baía de Kowloon. Em Hong Kong, naquela cidade, ficava um antigo distrito chamado Kowloon Walled City (Cidade Murada de Kowloon), que ficou famoso entre as décadas de 1970 e 1990 por ser o lugar mais densamente povoado da Terra. O local foi considerado um fenômeno da superpopulação por abrigar 33 mil pessoas em um espaço de 0,3 km². Seus mais de trezentos prédios interligados formavam uma cidadela.

A cidade emergiu antes da dominação britânica em Hong Kong como uma fortaleza e um centro comercial. Ficou abandonada por anos até ser ocupada por milhares de pessoas pobres e foragidos da lei após o término da Segunda Guerra Mundial. A polícia não podia entrar no local, pois nem o governo britânico nem o chinês se responsabilizavam por sua administração.

Kowloon ficou muito conhecida por seus bordéis, cassinos, salões de cocaína e pelo tráfico de drogas, que disputava o controle das Tríades Chinesas. Assim, mesmo com a baixa da criminalidade após a entrada de policiais em 1980, os governos chinês e britânico passaram a ver a cidade murada como um sério problema sanitário e concluíram que o melhor a fazer seria demoli-la. Depois de anos de despejos, Kowloon começou a ser derrubada em 1993, sendo totalmente demolida em 1994.

Em Kowloon há uma exposição de rua com os destaques dos artistas locais. Lá tive a oportunidade de encontrar uma estátua de ferro do Bruce Lee em tamanho real e uma placa com as mãos de Jackie Chan. Gosto muito do Bruce Lee, conheci o cinema chinês por meio de seus filmes.

Estátua de Bruce Lee

Muralha da China | 47

Placa com as mãos de Jackie Chan

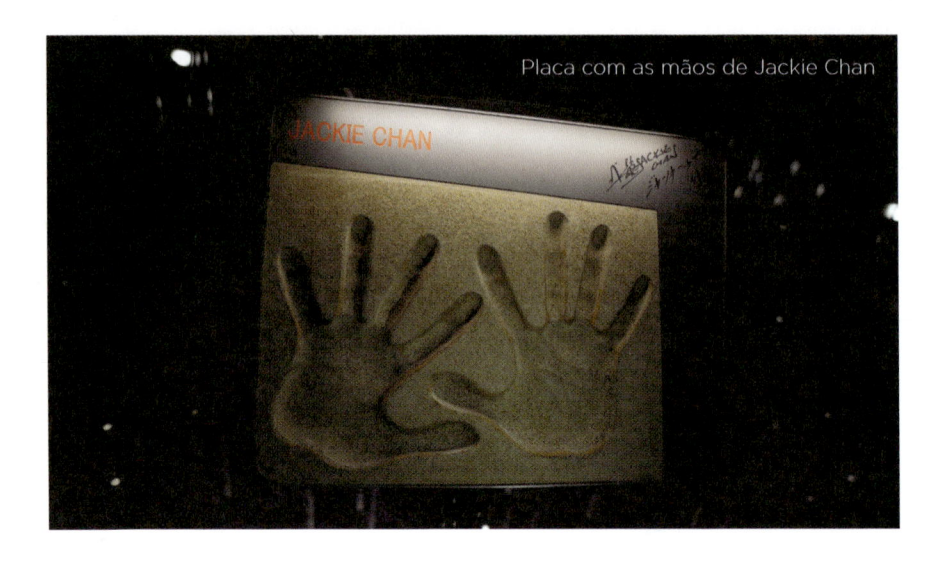

Por volta de 2007 passei a ter muito interesse pelos filmes do Jackie Chan. Creio que devo ter assistido a uns 90% da filmografia dele, e tenho todos os títulos em DVD. Eu me lembro de que em épocas como aniversário, Dia das Crianças e Natal eu sempre pedia um box ou um novo filme do Jackie Chan de presente. Era tão fissurado que criei um blog chamado Jackie Chan Zuado para que os fãs do ator pudessem acompanhar as novidades (eu achava que "zuado" era um elogio, algo cômico, significando que ele era realmente doido). E, por conta desse contato com o cinema chinês, somado à minha paixão por Star Wars, aos poucos fui desenvolvendo o interesse pelo cinema e pela arte de contar histórias.

À noite, Kowloon dispõe de um espaço para shows, uma espécie de arquibancada virada para as águas e para os arranha-céus da cidade de Hong Kong, com cadeiras e caixas de som para o famoso show de luzes que ocorre todas as noites. A música toca, as luzes da cidade se apagam e criam-se desenhos sincronizados com lasers e iluminação lateral nos prédios num show de dez minutos.

Após o show, resolvemos conhecer um pouco da vida noturna da cidade, com seus bares, clubes e restaurantes. Saímos de táxi para beber e passamos em alguns pubs e clubes, todos lotados e com preços altíssimos. Resolvemos então comprar algumas comidas e bebidas em um 7eleven próximo ao *point* de Hong Kong. Ao sairmos, encontramos uma carteira na rua. Nós a pegamos, vasculhamos seu conteúdo em busca de algum documento e encontramos uma identidade norte-americana de uma moça. A carteira estava perdida em frente a um sex shop. Entramos na loja e perguntamos ao balconista se ele havia visto aquela moça. Ele respondeu que não, mas teve a gentileza de incluir seu contato no meu celular (utilizou o nome "Antônio", pois já havia visitado o Brasil e feito amizade com alguém que tinha esse nome).

Procuramos a dona da carteira pelos bares ao redor por uma hora, sem sucesso. Voltamos ao 7eleven e pedimos à balconista que ficasse com a carteira da moça, ou então entregaríamos o objeto à polícia. Quando dissemos isso, um senhor malvestido segurando duas cervejas *long neck* ouviu o papo e se aproximou, orientando para que não fizéssemos isso, e que deveríamos encontrar a dona. Ele disse que conhecia a cidade muito bem e que aquela não seria a melhor escolha. Achei aquele papo bem esquisito. O senhor falava inglês bem demais para um local. Ele nos parabenizou pela iniciativa e foi embora.

Finalmente, a dona da carteira!

Continuamos à procura da dona da carteira, sem sucesso. Quando nos cansamos, voltamos para os arredores da loja de conveniência. Então, vimos que um set de cinema havia sido montado na rua. Não conseguimos identificar o que estava sendo gravado ali, mas pudemos ver duas câmeras de cinema e uma equipe gigantesca. A gravação estava rolando. Paramos para ver.

Então, as filmagens cessaram por um tempo e o mesmo homem malvestido reapareceu e veio falar conosco. Perguntou se havíamos encontrado a dona da carteira, puxou um papo e disse que iria nos ajudar na busca. Começamos a conversar, tomamos algumas cervejas juntos. Algum tempo depois, dois seguranças o puxaram e disseram que ele precisava ir para a van e partir, pois a gravação já tinha chegado ao fim. Ele respondeu que não iria, que nos ajudaria e que depois pegaria um Uber. Eu não entendi direito o que estava acontecendo, mas aquele cara parecia ser alguém muito importante no set. Ele lembrava alguém que eu já conhecia, mas não arrisquei o palpite na hora. Os seguranças foram embora, e ficamos ali conversando. Porém, eles logo voltaram e insistiram. O homem então se despediu e nos parabenizou mais uma vez.

Na manhã do dia seguinte, Stupelli foi procurar pela dona da carteira no Facebook. Ficou nessa por cerca de duas horas, até que encontrou o perfil da dona. No entanto, como não eram amigos no Facebook, ele não pôde enviar mensagens. Mandou, então, um convite de amizade, encontrou os familiares dela no Face e avisou que estava em posse da carteira, solicitando que alguém entrasse em contato o quanto antes, pois aquele era o nosso último dia em Hong Kong.

Foi então que eu liguei os fatos, pesquisei algumas fotos no Google e cheguei à conclusão de que o homem malvestido com seu inglês fluente era ninguém menos que o Tim Burton! Ele realmente estava em Hong Kong naquela semana, fazendo uma exposição por lá. Pesquisei algumas fotos recentes de Tim no Google, e ele estava com a mesma roupa de algumas fotos encontradas. Eu o conhecia de entrevistas antigas, mas estava totalmente diferente

Eu sabia que era alguém que eu conhecia, só não estava identificando pela fisionomia. A dona da carteira respondeu ao Stupelli no Facebook e, por sorte, ela estava numa estação de metrô próxima. Combinamos um encontro, e em dez minutos ela estava no lobby do nosso hotel. Descemos até lá e entregamos a carteira. Contamos a ela que o Tim Burton havia nos auxiliado na busca do dia anterior, mas ela não acreditou. Eu entendo.

No dia seguinte, fomos dar um pequeno passeio em Macau, a famosa Las Vegas da China. Comemos incríveis iguarias portuguesas e um belo pastel de nata.

▶▶ Pequim

Mas vamos ao que interessa, vamos falar de Muralha da China. Em Pequim, capital da China, visitamos uma das maiores praças do mundo, localizada em frente à Cidade Proibida. Tiananmen Square, conhecida como Praça da Paz.

Hoje em dia, a praça não é mais proibida. Aliás, a Cidade Proibida é um dos passeios obrigatórios ao visitar a China: um dos complexos medievais mais bem-preservados do mundo, tombado pela Unesco, inclusive.

A Cidade Proibida é um complexo gigantesco localizado bem no centro de Pequim. Possui aproximadamente mil edifícios entre palácios, templos, praças, casas, parques e lagos, numa área de 720 mil metros quadrados. Reza a lenda que há 9.999 quartos na Cidade Proibida, pois o número 10.000 era

Tiananmen Square, a Praça da Paz

atribuído ao imperador. Nenhum edifício de Pequim podia exceder a altura do Pavilhão da Harmonia Suprema (maior estrutura chinesa em madeira remanescente). O imperador se considerava o "filho do paraíso", nascido para governar o país; logo, ocupava a posição social mais destacada. Esta é, também, a razão pela qual não existe nenhuma árvore na maior praça da Cidade Proibida, que conta com uma área de dez mil metros quadrados.

A construção da Cidade Proibida foi ordenada pelo imperador Chengzu, da dinastia ming, em 1406, e se estendeu por catorze anos. Construída para servir de fortaleza para o imperador e sua família, é rodeada por um muro de quase oito metros de altura por nove de largura na base e quase sete metros no topo, além de um fosso que circunda todo o complexo.

O nome "Cidade Proibida" foi dado por conta do rígido sistema de segurança que controlava a saída e a entrada de pessoas no local. A grande maioria dos funcionários que vivia na cidade poderia passar a vida toda sem nunca pôr os pés para fora daquela suntuosa obra.

Quase todos os telhados da Cidade Proibida são amarelos, pois essa é a cor do imperador. As duas exceções são a biblioteca no pavilhão da Profundidade Literária (文渊 阁), que possui telhas pretas, pois a cor é associada com água e, portanto, com a prevenção de incêndios; e a residência do príncipe herdeiro, que possui telhas verdes, cor associada à madeira, representando o crescimento.

Os principais corredores dos tribunais exterior e interior são organizados em grupos de três – a forma da triagrama de qian, representando o céu. As residências do Pátio Interior, por outro lado, são organizadas em grupos de seis: a forma do triagrama kun, representando a terra.

Após a visita à Cidade Proibida, fomos ao restaurante favorito do Mike, nosso guia. Caminhamos por vinte minutos. Ao chegar lá, os funcionários do restaurante haviam separado uma sala exclusiva para o almoço. Mike fez uma boa seleção para nossa refeição. Primeiro, experimentamos o prato que teria originado o espaguete. Reza a lenda que Marco Polo teria trazido essa novidade para a Itália quando voltou de sua viagem à China, entre 1271 e 1295.

Experimentamos também um dos pratos mais célebres da culinária chinesa, o Beijing duck, ou, melhor dizendo, pato-à-Pequim. É uma iguaria muito antiga, servida nas cortes imperiais da China, preparada com patos criados especialmente para essa receita. As aves são temperadas com molhos específicos, assadas em fornos especiais e servidas com crepes muito finos, depois de a carne ser cuidadosamente fatiada. Nosso pato foi cortado em 153 fatias. A pele do pato assado fica

Pato-à-Pequim

com uma cor avermelhada brilhante por causa dos molhos, em especial o mel, mas também da forma de assar. Tradicionalmente, os patos são pendurados num forno aquecido com o fogo de madeiras aromáticas, que não produzem fumaça.

As aves criadas para esta finalidade são de uma raça especial, o pato-de-pequim. Elas são deixadas à solta durante as primeiras três semanas de vida e depois alimentadas quatro vezes ao dia por mais quatro ou cinco semanas, até atingirem um peso de cerca de 2,5kg. Para o preparo, os patos são sacrificados e depenados. Suas vísceras são retiradas, cuidadosamente lavadas e guardadas, junto com as asas, para serem posteriormente utilizadas em outros vinte tipos de prato que compõem um banquete de pato à Pequim.

As fatias de pato são servidas com panquecas. Mike pegava uma fatia, colocava dentro de uma panqueca e então adicionava outros condimentos disponíveis na mesa como pepino, arroz, cebolas e alguns molhos.

Pequim não parava de nos surpreender. Ficamos hospedados num hotel que era praticamente uma obra de arte. Ao fazer check-in e caminhar pelo lobby me deparei com diversas peças de arte incríveis. Pude contar três obras de Salvador Dalí, quadros de Andy Warhol e várias outras peças. Pelos corredores dos quartos havia quadros e estátuas de artistas renomados.

O quarto era totalmente tecnológico, com peças de decoração que também poderiam ser compradas pelos hóspedes. Lá havia um abajur com uma pistola que acendia e apagava quando se "atirava" mirando nele. Televisão 3D, cama com sistema de aquecimento, poltrona de massagem, uma parede toda de vidro com vista para a cidade, um banheiro com vidro para o quarto (a melhor coisa era tomar banho pela manhã vendo o sol nascer). No entanto, o que mais me impressionou foi a privada eletrônica. Sempre que entrava no banheiro, o sensor da privada era ativado e a tampa se abria automaticamente, me assustando toda vez. Na parede havia um painel com botões para ativar diversas funções como aquecimento da privada, descarga para o "número 1" ou "número 2", tipos de limpeza após o uso (você aperta o botão e então uma mangueirinha surge do centro da bacia, com um jato d'água. É possível controlar a temperatura e a intensidade do jato).

▶▶ A Muralha

Dia de visitar a Muralha da China. Acordamos às 8h00, e eu ainda não estava totalmente acostumado ao fuso-horário. Estava com os nervos à flor da pele, muito ansioso. Mike avisou que não nos levaria para a parte turística da Muralha, que, apesar de ficar a apenas quinze minutos de Pequim, era sempre muito lotada – ainda mais num feriado –, e sim que nos levaria para a parte do interior, que não havia sido restaurada (e que não era nem um pouco turística). Seguimos em direção ao interior de Pequim. Eram aproximadamente noventa quilômetros de estrada até o acesso a muralha. Eu amo fazer viagens de carro por estradas que não conheço e ver lindos cenários ainda pouco explorados. As plantações, a vida no interior, as árvores diferentes, animais diferentes, pessoas diferentes. Foram duas horas de estrada até chegarmos a um pequeno vilarejo. Mike parou numa pequena loja a fim de comprar um lanche para dar uma segurada na fome até a hora do almoço. Eu encontrei uns salgadinhos de camarão locais, e eles seriam minha refeição. Quando olhei para o lado, Mike estava pegando dois pepinos e dois tomates para lanchar. Achei uma ótima ideia... Afinal, salgadinhos não são nada saudáveis. Decidi então comer junto com Mike. Pepinos, tomates e uma garrafa d'água (teria lanche melhor e mais saudável?).

Do pequeno vilarejo onde paramos era possível ver a muralha lá em cima das montanhas, bem pequena ao longe, porém grandiosa. Era preciso passar por esse pequeno vilarejo para acessá-la. Andando pelas vielas encontrei uma vendedora ambulante que vendia colares que ela mesmo havia feito. Comprei um lindo, confeccionado com sementes de frutas.

Subindo o caminho montanha acima, no final do vilarejo, nos deparamos com um bastão de madeira bloqueando a passagem. Ao seu lado, quatro senhores e senhoras idosos sentados. Estavam cobrando um valor de 10RMB para quem desejasse subir. Quando pagamos, eles retiraram o bastão e liberaram a passagem. Subimos muitas escadas e uma pequena trilha para chegar ao topo da montanha em que se encontra a Muralha da China. Um muro alto, e que mantinha uma altura constante em todos os trechos que podia ver.

Em média, a muralha conta com oito metros de altura por seis de largura. A largura do corredor era suficiente para que os soldados pudessem se movimentar em caso de ataque. Subimos por uma escada na lateral do muro e chegamos ao centro do corredor da Muralha da China. Nesse trecho, a muralha não havia sido restaurada, então alguns degraus estavam quebrados e em alguns trechos não havia escada, apenas rampas com pedras soltas. Fomos andando e subindo até o quanto as pernas aguentaram.

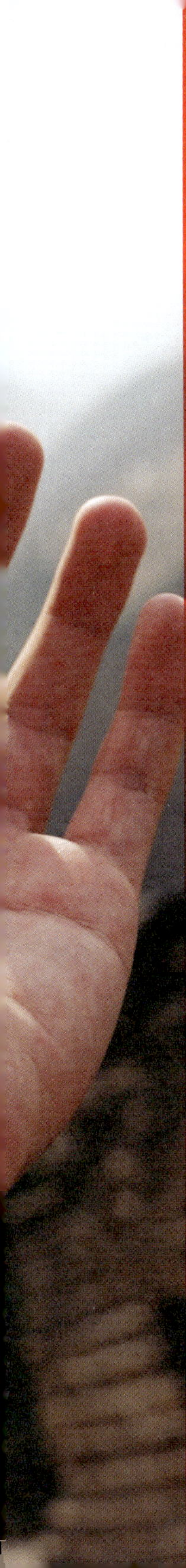
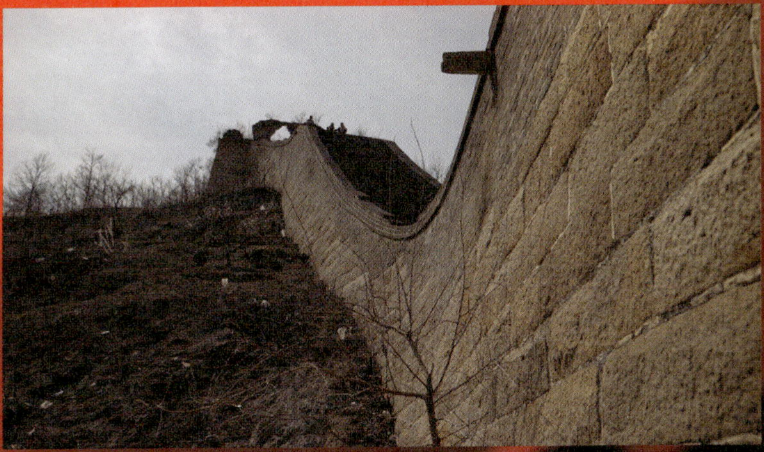
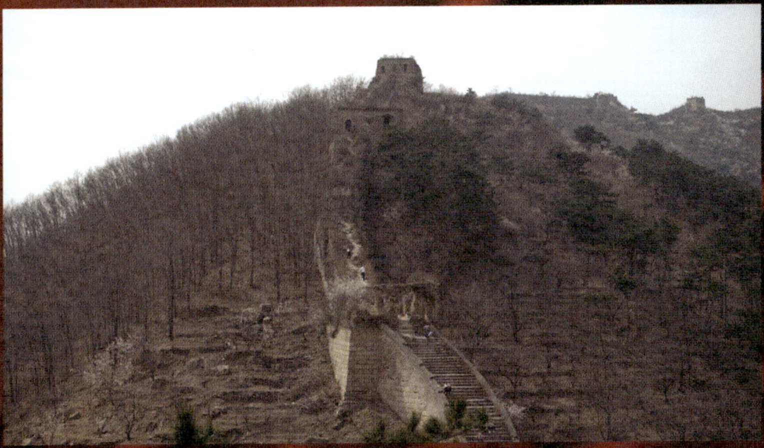
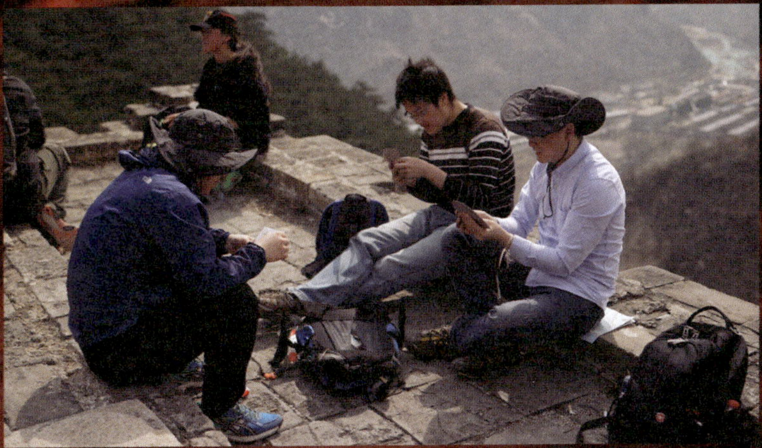

A Muralha da China foi construída ao longo de um traçado leste-oeste para proteger os estados e impérios chineses contra as invasões dos vários grupos nômades das estepes da Eurásia, principalmente os mongóis. Em 2012 foi anunciado que a Muralha da China tem cerca de 21.196 quilômetros e que mede aproximadamente sete metros de altura. Esta medida contempla todas as paredes que foram alguma vez construídas, mesmo as que já não existem. A obra levou cerca de dois mil anos para ser finalizada, tendo seu último trecho construído durante a dinastia ming (1368 a 1644).

As torres da muralha foram construídas para servir de abrigo e depósito de alimentos e armas. A distância entre elas variava. Uma torre precisava visualizar os sinais emitidos pela torre vizinha, e a comunicação era feita por meio de sinais de fumaça preta, produzida pela queima de esterco com palha.

A Muralha da China é conhecida também como o maior cemitério do mundo por conta da quantidade de pessoas que morreram durante sua construção – mais de um milhão.

A experiência de ter caminhado pela Muralha da China foi incrível. Ver tudo aquilo de perto, tocar e sentir essa construção gigantesca e milenar foi algo inspirador. Sentei na ponta de uma das torres e, por um instante, minha mente esvaziou. Minha visão acompanhava os muros e os corredores até onde meus olhos podiam alcançar.

Havia chegado, finalmente, a hora de ir embora. Adeus, China. E sigamos para meu próximo destino. 🌏

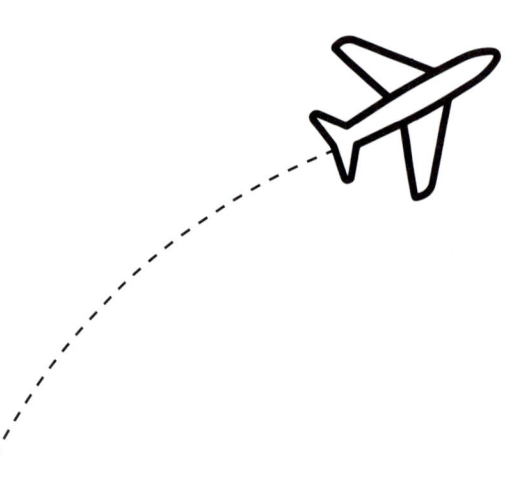

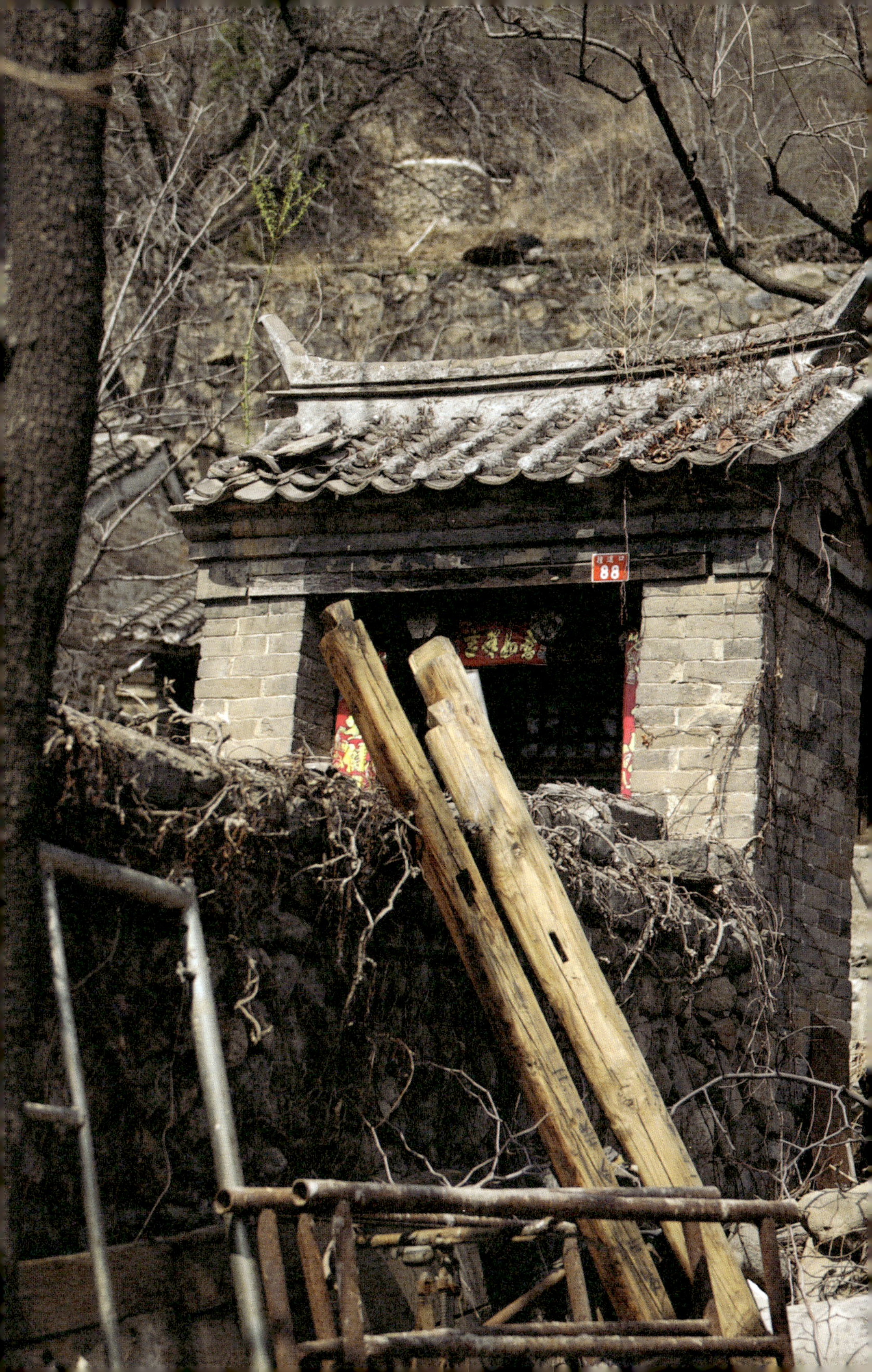
88

3 ≫ Índia

Taj Mahal

✈ **NO AEROPORTO** de Hong Kong, todos da equipe de filmagem do programa já haviam embarcado. Esperei por três horas para iniciar meu check-in. Tive que me dirigir ao guichê da Air India, pois não consegui fazer o check-in online. Uma fila imensa de indianos.

Quando coloquei a mala na balança para despachar, o rapaz da companhia aérea perguntou se eu estava com meu bilhete de passagem de saída da Índia. Era necessário apresentá-lo para poder embarcar. Não estava com ele, tinha apenas a passagem de ida, pois não sabia quantos dias iria ficar.

A ideia era encontrar o Federico na Índia e só depois decidir quantos dias ficaríamos por lá. Ele estava em Los Angeles, e combinamos de nos encontrar em Nova Délhi. Já havia perdido meu voo de volta para o Brasil. O rapaz então cancelou meu check-in e disse que eu teria meia hora para conseguir uma passagem de saída da Índia, ou não poderia embarcar e ficaria em Hong Kong. Não dispunha de uma conexão decente de internet; corri em alguns guichês de passagens no terminal do aeroporto sem saber o que fazer. Tinha que dar um jeito de comprar uma passagem com urgência, senão bye bye Índia.

Tentei em vão comprar uma passagem de volta para o Brasil, mas o cartão de crédito não passou: era muito caro e o limite não deu. E o tempo foi passando. Voltei até o guichê e solicitei uma rede wi-fi para que pudesse pesquisar algumas passagens. Eu realmente não sabia para onde ir depois da Índia. Precisava de uma passagem barata para algum país, alguma cidade.

Navegando rapidamente pelo site, vi uma promoção para Amã. O que vou fazer em Amã?? ISSO! Petra! Petra fica na Jordânia, e Amã é a capital. Ir para o Oriente Médio depois de passar vinte dias na Ásia não estava nos meus planos. Na época, a situação não era das melhores: ataques terroristas haviam ocorrido recentemente, e a tensão de uma possível guerra nuclear pairava no ar. Porém, eu precisava resolver aquela situação.

Comprei duas passagens para Amã, na Jordânia, uma pra mim e outra pro Federico, que precisaria comprovar a passagem chegando à Índia. No momento em que eu estava no aeroporto de Hong Kong, Federico estava no voo de Los Angeles para Nova Délhi, incomunicável. Meu cartão de crédito passou, daí entrei na fila correndo novamente, fui o último passageiro a efetuar o check-in. Despachei a mala, passei pela segurança e fui direto para o portão do voo, que sairia em 45 minutos.

Nunca tinha passado por uma situação como aquela antes. Enquanto a adrenalina tomava conta do meu corpo, não consegui pensar em nada, apenas em resolver aquele problema. Mas, depois que me sentei próximo ao portão de embarque para esperar o voo e me lembrei da situação, senti fraqueza, medo, me senti vulnerável. Queria muito não estar sozinho naquela hora. Mil coisas passavam pela minha cabeça: "Será que vou ficar preso em Hong Kong? Será que vou conseguir voltar pra casa? Depois da Índia, pra onde vou?".

Toda essa incerteza somada às dúvidas a respeito da Índia e ao receio de encarar o desconhecido. Querendo ou não, temos medo do desconhecido. "O que tem lá? Será que vai dar certo? Será que vou conseguir me alimentar? Será que vai ser perigoso?" Foi um importante momento de reflexão.

Até ali, tudo estava tranquilo. Me despedi da equipe numa boa, fui para a fila do check-in e então, num instante, tudo desabou, e me vi sozinho, fragilizado. Numa situação dessas, você tem pouco tempo para reagir, não enxerga uma saída. Às vezes, a gente se sente autossuficiente e, em um piscar de olhos, perdemos o controle que achávamos que tínhamos sobre as coisas. Tudo o que eu mais queria enquanto esperava o voo sozinho era ter alguém pra abraçar, pra conversar. Queria ouvir uma piada, dar uma risada para aliviar a tensão.

Nós somos formados pelas pessoas que nos rodeiam. Nossa família e nossos amigos são nossa base, nosso porto seguro. E, por um instante, eu estava sem nenhum deles, numa cidade do outro lado do mundo, a dezoito mil quilômetros de casa e rodeado por estranhos em um aeroporto, sem ideia de quando voltaria pra casa. Quando cruzamos pelas pessoas na rua, na escola, no aeroporto, não sabemos o que se passa na cabeça delas. As frustrações, os medos. Angústia? Felicidade? Questionamentos? Respostas? Não sabemos o que o outro realmente está sentindo. Às vezes, aquele estranho que está sentado à sua frente só precisa de um abraço, só precisa ouvir que está tudo bem, que vai dar tudo certo.

Quando embarquei no avião de Hong Kong para Nova Délhi, percebi o quão longe de casa estava. Olhava pro lado e via pessoas diferentes, com seus familiares, amigos, e eu sem ninguém pra conversar. Estava com a passagem da Jordânia em mãos, não voltaria para casa tão cedo.

Foi quando a saudade bateu. Naquele instante, tudo o que eu mais queria na vida era estar na minha casa, com a minha família. Me deu vontade de desistir de tudo na hora, de pousar, trocar as passagens e pegar o primeiro voo de volta pra São Paulo. Seguir adiante ou ir embora? Nessa hora, realmente fraquejei. Qualquer uma das escolhas realmente não seria fácil, mas preferi escolher a mais compensadora. Que você sabe qual é. A jornada tinha que continuar. No fundo, em meio a toda dificuldade e angústia, senti algo reconfortante. Eu sabia que não estava totalmente sozinho nessa hora difícil. *Ele* estava comigo.

No voo da Air India, somente indianos, muçulmanos, homens com turbantes na cabeça, mulheres com pontinhos vermelhos na testa. E eu. A maioria das pessoas do voo me encarando, tentando entender o que aquele menino de vinte anos meio japonês meio brasileiro, de cabelo enrolado, estava fazendo ali.

Sentei na minha poltrona na janela e comecei a assistir aos lançamentos de Bollywood. Filmes bem-feitos, de fotografia impecável. Bollywood é a indústria indiana de cinema. Na hora da janta, a aeromoça perguntou se eu gostaria do prato vegetariano ou do não vegetariano. Optei pelo vegetariano, em que vinham lentilhas e grãos com um molho apimentado e arroz laranja.

▶▶ Chegando em Nova Délhi

Após um pouso complicado em Nova Délhi, com muita turbulência, o avião finalmente aterrissou. Esperei que as pessoas ficassem de pé e começassem a se movimentar para sair antes de o avião parar completamente, como de costume, mas não foi o que aconteceu dessa vez. O avião pousou, parou e os passageiros se mantiveram educadamente sentados. Poucos levantaram. Era possível contar nos dedos os que abriram os compartimentos e pegaram as malas para sair. Eu, que sempre aguardo sentado até que todos saiam, achei aquilo estranho. *Os indianos devem ser muito educados*, pensei.

Resolvi então dar uma passadinha no banheiro. Fui com toda a tranquilidade, enquanto aguardava o restante dos passageiros para poder sair numa boa. De repente, ouço um grito de fora do banheiro de um comissário de bordo:

– Última chamada para os passageiros que forem desembarcar em Nova Délhi. As portas se fecharão e este voo seguirá com destino a Mumbai.

Saí correndo do banheiro, peguei minha mala no compartimento e me identifiquei avisando que precisava descer. As portas do avião estavam se fechando. Desci correndo. Não sabia que usavam a mesma

Decoração do aeroporto de Nova Délhi

aeronave para dois destinos. A maioria dos passageiros tinha Mumbai como ponto de chegada.

O aeroporto de Nova Délhi era bem simples. Alguns detalhes me chamaram a atenção, como a decoração na parede quando se desce a escada para a imigração.

Não é novidade que fico tenso quando tenho que passar pela imigração. O oficial pega seu passaporte, te encara, checa o visto, vê os lugares para onde você foi antes, pergunta pra onde vai depois. "Por que está aqui? Quantos dias? Vai ficar onde? Tem quanto dinheiro?" Carimba com aquela cara feia e devolve o passaporte. Ou então te deporta (isso nunca aconteceu comigo, mas já ouvi histórias de pessoas que foram deportadas, não é nada legal).

Entreguei meu passaporte. Então, o policial me olhou e disse:

– Brasil? Qual é a dança mais famosa do Brasil?

Por que ele está me fazendo essa pergunta?, pensei. *Será que ele acha que não sou realmente brasileiro?* O passaporte brasileiro é o mais procurado no mercado negro, pela sua facilidade de uso. Qualquer um pode usar um passaporte brasileiro: japonês, alemão, russo, marroquino. O Brasil é um país com uma mistura de etnias muito grande, não dá pra saber quem é brasileiro e quem não é só de olhar. Eu mesmo, certa vez, enquanto viajava, estava conversando em inglês com uma pessoa, achando que era de outra nacionalidade. De repente, entre um detalhe e outro, ou alguma palavra repentina em português, surgiu a pergunta que quebra o gelo: "Você é brasileiro?". É muito engraçado quando algo assim acontece.

Respondi ao policial com receio:

– Samba!?

Ele, então, sorriu e respondeu:

– *Yeah yeah, samba! I love samba!*

Então ele me perguntou nomes de alguns jogadores de futebol brasileiros. *Neymar? Ronaldo? Rivaldo, Roberto Carlos, Cafu.* Demos muita risada e ele falou que iria me adicionar no Facebook. Conversamos mais algumas coisas sobre o Brasil e ele me disse que iria me seguir no Instagram para ver as imagens do meu passeio na Índia. O agente devolveu meu passaporte com um sorriso no rosto e me desejou boa viagem. Eu estava oficialmente na Índia.

▶▶ Hotel estrelado

Troquei alguns iuanes e dólares por rúpias indianas. O aeroporto estava bem vazio, mas do lado de fora havia muitas pessoas. Fazia um calor forte, úmido e abafado. Avistei alguns soldados segurando metralhadoras e confesso que fiquei um pouco assustado. As ruas ao redor do aeroporto tinham grades de proteção. Pude ouvir alguns papos atravessados de que a polícia havia aumentado a segurança, pois estava em alerta por conta de rumores sobre um possível atentado.

Fui abordado por vários funcionários do serviço de táxi. Neguei uns dez, dizendo que estava esperando um amigo vir me buscar. Estava era esperando chegar o carro do aplicativo de motorista particular.

Pedi um carro, esperei por quinze minutos e o veículo não saía do lugar na tela do aplicativo. Outro carro, dez minutos e nada. Tinha trocado poucas rúpias, mas não o suficiente para pagar por um táxi. Era quase meia-noite e a rua estava começando a ficar deserta. Fui até um guichê de táxi e perguntei se aceitavam cartão de crédito. Passei o endereço do hotel em que dormiria, então fizeram o cálculo antes para que eu pudesse pagar no cartão. Segui em direção ao táxi, quando dois homens pegaram a mala das minhas mãos e a levaram até o porta-malas sem meu consentimento. Eles a guardaram e fecharam o porta-malas, solicitando gorjeta pelo "serviço". Eu não tinha muitas rúpias, só o suficiente para uma refeição. Disse a eles que não tinha trocado, mas eles insistiram. "Dólar?". Também não tinha. Então abri minha carteira e vi que tinha uma nota de cinco reais. Entreguei a nota pra eles e disse que era uma nota brasileira, que poderiam guardar de lembrança ou então tentar trocar em um câmbio que poderia valer aproximadamente 1 dólar. Os dois ficaram olhando para a nota sem entender nada. O motorista de táxi também não entendeu e pediu para dar uma olhada. (Era realmente a única coisa que eu tinha a oferecer por aquele serviço não contratado)

O trânsito do aeroporto para o hotel estava carregado. Era quase 1h00, uma hora no trânsito. Pleno início da madrugada, táxis cruzando com carros, carros cruzando com tuk tuks,[1] algumas batidas de carros vizinhos, tuk

---

1 Um tuk tuk é um tipo de triciclo motorizado que conta com uma cabine para o transporte de passageiros ou mercadorias. Em alguns lugares também conhecido como utorriquixá ou autorriquexó. (N.E.)

tuks cruzando com vacas, vacas cruzando com pessoas nas ruas, pessoas atravessando no meio dos carros, vacas e tuk tuks. À medida que fomos nos distanciando do aeroporto, as ruas iam ficando cada vez mais desertas. O taxista não estava usando GPS, então não sabia quão longe estávamos do hotel. Andando por mais vinte minutos, perguntei se estávamos chegando, e ele respondeu que chegaríamos em cinco minutos. Vi alguns hotéis bonitos de grandes redes e fiquei aliviado. Pelo menos meu hotelzinho de duas estrelas seria bacana também.

"Chegamos", disse o taxista. Olhei para os lados e nada de encontrar o hotel. Ele tinha parado numa rua de barro, e disse que aquele era o endereço que eu tinha passado. Pus a cabeça para fora do carro e não consegui enxergar o hotel. O taxista já estava começando a ficar irritado, então saí do carro e fui até a metade da rua, que dava acesso a uma pequena viela para ver se encontrava o hotel. Avistei uma placa minúscula com o nome do estabelecimento. Voltei ao taxista e disse que era na viela, porém ele disse que não entraria com o carro lá, que era muito estreito. Tive então que pegar a mala e ir andando até o hotel na viela de barro.

Do caminho do carro até o hotel a rua estava devastada. Havia muitas pessoas dormindo na rua, mulheres cozinhando na calçada com as vacas passando ao lado, homens jogando baralho. Passei com as malas desviando das vacas e até vi uma criança fazendo cocô (a primeira de várias, contei todas as vezes até o final da viagem: total de cinco crianças. E um adulto).

Tentei fazer o check-in, mas o funcionário do hotel ficou com receio de me liberar, pois a reserva estava no nome do Federico (que ainda estava no voo e iria pousar em duas horas). Mostrei o passaporte e o recibo de reserva que Federico tinha me enviado antes de embarcar. O funcionário me deu só uma chave e disse que o quarto ficava no segundo andar. Apenas escadas. Subi as escadas com uma mala de 29kg e cheguei ao segundo andar; o quarto era o último do corredor. Passei pelo corredor com uma lâmpada que mal funcionava e ficava piscando; havia pratos jogados no chão, na frente da

Corredor do hotel

porta dos outros quartos. Coloquei a chave na fechadura da porta mofada e entrei.

Na teoria, era um hotel duas estrelas. Na prática, uma. O quarto estava em mau estado, mas tudo bem, faz parte.

Tudo o que eu queria depois daquele dia longo era tomar um banho e dormir. Entrei no banheiro, liguei a luz e me deparei com uma camada de gordura no chão. O papel higiênico estava úmido e, quando abri o box para tomar banho, cinco baratas correram para dentro do ralo. Fechei a porta do banheiro e nunca mais voltei. Deitei e dormi, de tênis.

Acordei no meio da madrugada com batidas na porta. Quando abri, lá estava o Federico. Ele me olhou assustado, não disse uma palavra sequer. Entrou no quarto, largou a mala no chão, entrou no banheiro e viu as mesmas baratas. Fechou a porta, olhou pra mim e dissemos ao mesmo tempo: "Vamos trocar de hotel amanhã!".

Federico se atrasou e não tinha conexão de internet. Me disse que pegou o táxi do aeroporto, porém o taxista se perdeu e parou numa casa de informação para turistas no meio da madrugada. Federico entrou numa sala escura, onde as baratas corriam pelo chão, se sentou e esperou pelo segurança. Achou que morreria naquela noite. Pegou as coordenadas para chegar ao hotel, parou na rua de barro, desviou das vacas, subiu dois andares de escada, desviou dos pratos no corredor e chegou até o quarto.

Um país novo, desconhecido, com uma cultura totalmente diferente. Por um instante, senti grande alívio por ter um amigo ali comigo.

Minha última refeição tinha sido um almoço em Hong Kong e algumas ervilhas no avião, fiquei nove horas sem me alimentar. O serviço de quarto era caríssimo e o menu não aparentava ser nada higiênico. Perguntei ao Federico se ele tinha comprado algo pra comer no aeroporto, pois havia visto uma maquina de salgadinhos. Não comprou, nem eu. Não tínhamos nada pra comer, estávamos sem água e sem coragem de sair às 3:00 para caçar comida. Por sorte, Federico tinha na mala uma barra de proteína que havia comprado duas semanas antes e esquecido: 50g de uma barrinha de proteína sabor chocolate dividida para nós dois (quase um banquete). Comemos em uma mordida e dormimos rápido para que a fome não voltasse.

No dia seguinte trocamos de hotel, encontramos um 3,5 estrelas em promoção pelo mesmo preço do de 2 (1) estrelas. Bem na hora do rush, atravessamos o trânsito mais caótico do mundo com nossas malas de rodinha para trocar de hotel.

Durante a pausa para o almoço, alguns trabalhadores estavam dormindo na calçada. Moscas, muitas moscas na rua, em cima deles, em cima de nós.

Check-out no hotel antigo, check-in no hotel novo. Esse pelo menos tinha elevador... Ficamos presos no elevador. O bendito

Rua indiana

parado com as portas fechadas e balançando (tudo o que eu queria era tomar um banho e comer). Por cerca de dez minutos ficamos esperando o elevador abrir as portas.

Banho tomado, estômago alimentado. Era hora de finalmente explorar a Índia.

Atravessar uma rua indiana é tarefa complicada, quase impossível. São poucas as que têm semáforos e faixas de pedestres, normalmente nas grandes avenidas. Quando é necessário atravessar a rua sem faixa de pedestres o macete é olhar fixamente para a frente e caminhar entre os carros numa velocidade mediana. Daí os carros, motos, tuk tuks e vacas vão naturalmente desviando de você.

Jama Masjid, conhecida como a Grande Mesquita da Velha Délhi. Essa foi a primeira visita que fizemos (a imagem que abre este capítulo foi tirada lá). Sua construção teve início no século XVII por Shah Jahan, o mesmo imperador por trás da construção do Taj Mahal e do Forte Vermelho. A mesquita possui uma arquitetura extravagante, e foi finalizada em 1656. O terreno onde ela está localizada é cercado por muros decorados com três portões de entrada. Essas estruturas imponentes exibem desenhos de batalhas no topo de suas fachadas avermelhadas. Só entre na mesquita pelos portões 1 ou 3.

Jama Masjid, a Grande Mesquita da Velha Délhi

Fomos de tuk tuk até o coração da Velha Délhi. Atravessamos uma gigantesca feira popular que acontece apenas aos domingos. Roupas, tênis, brinquedos, móveis usados, comida. Era possível encontrar de tudo nessa feira. As ruelas, o comércio no meio da rua, os animais que desfilam sem ser incomodados junto com os riquixás.[2] Se comprar algo na feira, não há

---

2   É um meio de transporte em que uma pessoa puxa uma carroça de duas rodas e no qual se acomodam uma ou duas pessoas. Acabaram proibidos em muitos países na Ásia em decorrência de muitos acidentes. (N.E.)

Feira popular no coração da Velha Délhi

devolução nem troca, pois ao voltar no próximo domingo o vendedor não estará no mesmo lugar em que estava na semana anterior.

Fomos de ponta a ponta da feira até finalmente chegar à mesquita. O maior espaço muçulmano de adoração da Índia, o Grande Pátio. O terraço é grandioso, com capacidade para receber mais de 25 mil pessoas. É lá onde são realizadas as grandes orações.

Antes de entrar é preciso deixar os calçados do lado de fora. Por respeito, vestimos saias que cobriam nossas pernas por completo, já que estávamos de bermuda. O chão era de pedra, e o sol de 42º C cozinhava nossos pés. A mesquita também guarda relíquias importantes dos muçulmanos: há uma sala próxima ao portão norte onde está guardada uma cópia antiga do Alcorão escrita em pele de alce.

Subimos 130 degraus até o topo da maior torre da mesquita para ter uma vista privilegiada da cidade.

Andando pelos corredores, um japonês de cabelo enrolado e um argentino todo tatuado. Viramos as atrações do local. Todos os olhares voltavam-se para nós. Alguns até arriscavam e pediam para tirar fotos conosco. Federico parecia uma celebridade, passava pelas ruas e as pessoas o abordavam pedindo fotos.

Federico celebridade

Em seguida, fomos visitar o Akshardham Temple, o maior tempo hindu do mundo. Foi construído com a ajuda de 3 mil voluntários e 7 mil artesãos. Gigantesco, ocupando 100 acres de terra de área e feito inteiramente de mármore branco, simbolizando a pureza e a paz, e também de pedra de arenito vermelho, muito comum nos monumentos de Délhi.

A obra foi finalizada em 2005. Foram necessários apenas cinco anos para sua conclusão. O templo principal possui 234 pilares ornamentados, 9 domos e 20 mil estátuas. Um lugar belo e majestoso, como um paraíso. É possível sentir a vibração de paz e pureza que emana de cada canto.

Fizemos amizade com Lalit, o motorista que nos levou até o maior templo hindu do mundo. É proibido fazer fotos lá dentro. Para acessar o interior do templo é preciso passar por uma rígida segurança. Dois detectores de metais e uma fila imensa. Entrei apenas com a carteira e o celular, as câmeras ficaram no carro. Passando pela segurança, o interior é de cair o queixo. Lindas estátuas para todos os lados, fontes e lagos espelhados, repletos de detalhes. Simétrico, o templo conta com paredes ornamentadas feitas à mão. É maravilhoso!

Dentro do templo principal vimos diversas estátuas de deuses hindus em tamanho real espalhadas pelo saguão. Os olhos das estátuas pareciam estar vivos. Como nos outros locais sagrados, era preciso retirar os sapatos e deixá-los do lado de fora. Em Akshardham, porém, os pés não ardiam em brasas, pois o piso era feito de mármore branco, que reflete a luz e o calor.

Um dos maiores mercados de rua da Ásia fica em Délhi. É o lugar perfeito para comprar produtos locais. O mercado Chandni Chowk, na Velha Délhi, tem mais de três séculos de história. Antigamente, era frequentado por pessoas vindas da Turquia, China e Holanda em busca de especiarias e pelo comércio de ouro e prata. Vou dizer que passear pelo mercado de rua não é nada fácil. É uma muvuca organizada, pessoas comprando e vendendo, negociando e desviando de carros, tuk tuks e riquixás.

Fomos de riquixá até o mercado. Para isso, tivemos que negociar um valor com o motorista antes de embarcar. Dissemos para onde iríamos e ele deu o valor, e então começaram as negociações. Alguns tuk tuks e riquixás

Especiarias indianas

têm certas mordomias como luzes coloridas, assentos estofados e música. O mercado era dividido em setores: comidas, bebidas, especiarias, pimentas, roupas, artesanatos e outros. Entramos na rua das pimentas, uma mistura de aromas característica da Índia. É possível se localizar entre as diversas ruas do mercado apenas pelos aromas. Entramos numa loja de pimentas e experimentamos alguns chás de pimenta, além de frutas misturadas com o condimento. Uma infinidade de temperos e perfumes que você só encontra lá.

O sol não dava trégua, resultando num calor de 44º C, em média. Andando pelas ruas do mercado encontramos um restaurante bem peculiar. Antes de viajar, fiz uma pesquisa sobre os pratos que deveria experimentar na Índia. Já havia experimentado alguns, bem apimentados. Dessa vez, precisei provar o cordeiro ao molho de páprica, arroz e naan (pão indiano). Ao fim da refeição, recebemos a conta e nos deparamos com diversas taxas, isso em vários restaurantes. Normalmente, o valor do prato na conta final ficava cerca de 40% mais caro.

Após o almoço, fomos ao Templo de Lótus. É um templo diferente de todos os outros na Índia. Em primeiro lugar, o Templo de Lótus não é hindu, mas de uma religião chamada Bahá'í, fundada na Pérsia (hoje Irã). Em um catálogo em português encontramos a seguinte descrição:

A fé Bahá'í é uma religião mundial independente, divina na sua origem, global no seu propósito, abrangente no seu aspecto, científica no seu método, humanitária nos seus princípios e dinâmica na influência que exerce nos corações e mentes do homem. Ela defende a unidade de Deus, reconhece a unidade de Seus profetas e inculca o princípio da unicidade e indivisibilidade de toda a raça humana.

Dentro do Templo de Lótus (como em todos os templos Bahá'ís), às vezes há leituras das escrituras sagradas da religião. Fora desses momentos, todos são bem-vindos para meditar e orar em silêncio. Não é permitido nenhum tipo de palestra, ritual etc.

O templo de Délhi tem a forma de uma flor de lótus, em razão de essa flor ser o símbolo nacional religioso da Índia. A esse símbolo ancestral foi dada uma forma moderna, com a sua estrutura planejada para ser o sagrado do sagrado para os povos de todas as raças, credos, religiões e culturas de todas as partes do mundo.

Diferente da China (onde a maioria não fala inglês), na Índia é comum as pessoas conversarem em inglês nas ruas, pelo menos em Délhi. Uma pesquisa recente apontou que são mais de quatrocentos idiomas e dialetos não oficiais falados na Índia. O hindi e o inglês são os dois idiomas oficiais do país. Então, adicionalmente ao hindi e ao inglês, há outras 21 línguas oficiais com representação na Comissão Linguística Oficial.

Quando fomos tomar um lanche, avistamos algumas crianças jogando críquete em uma praça. O críquete é o esporte mais amado pelos indianos. Quando a seleção indiana tem um jogo importante, aproximadamente quatrocentos milhões de pessoas assistem pela televisão. Depois de acompanhar os meninos, dois deles pediram um lanche. Compramos um lanche para os dois que esperavam do lado de fora da lanchonete.

▶▶ Agra

Combinamos com Lalit que ele nos levaria para ver o nascer do sol no Taj Mahal. Para isso, teríamos que sair de Nova Délhi por volta das 3:00. A verdade é que não consegui dormir na noite anterior de tanta ansiedade, imaginando o Taj Mahal e como eu estava próximo dele. Tão próximo. Pensando em imagens, enquadramentos. Passei a noite toda acordado,

Templo de Lótus

Meninos esperando lanche

esperando o horário de descer e encontrar Lalit na van.

De Nova Délhi até Agra são aproximadamente três horas de estrada. No caminho, muita coisa me passou pela cabeça. Sempre vi o Taj Mahal em livros de história, documentários, filmes, livros de fotografia, de arquitetura. Mesmo já estando a caminho de conhecer essa maravilha do mundo moderno, a ficha ainda não havia caído. Será que fica no meio de uma floresta? Será que é bem no centro da cidade? Como é o caminho até lá? Preferi não ler artigos nem ver vídeos e ter a surpresa de descobrir o local sozinho. A ideia seria ver o nascer do sol no Taj Mahal, mas naquele dia o sol resolveu aparecer mais cedo, trinta minutos antes de chegarmos a Agra, enquanto estávamos na estrada. Um dos crepúsculos mais bonitos que já vi.

Era aniversário de Lalit nesse dia. Chegando a Agra, fomos tomar um café da manhã caprichado para comemorar com ele. Um guia do Taj Mahal, amigo de Lalit, também apareceu para tomar café conosco. Pedi uma omelete com queijo e um copo de leite com café. O aniversariante pediu apenas um chá e pães. Olha, que omelete deliciosa, viu?

▶▶ O incrível Taj Mahal

Chegando ao portão do Taj Mahal, saímos da van, pois dali teríamos que seguir a pé ou de tuk tuk até a entrada oficial do mausoléu. Vinte minutos de caminhada por corredores nos quais transitam apenas pessoas, vacas e riquixás. Vi muitas pessoas orando pelo caminho. Passamos pelo detector de metais e não tivemos que pagar ingresso. Como era uma data comemorativa, nosso passeio saiu de graça.

Passando pelo pátio de entrada, de pedra de arenito vermelho, é possível ver lá de longe a cúpula branca do topo do Taj Mahal por trás do edifício. Passamos por baixo do prédio que cerca os jardins e, finalmente, pelo portão de entrada, grandioso visto de longe. Enquadrado em um jardim simétrico, dividido em quadrados iguais cruzados por um canal de ciprestes onde se formam um espelho d'água e o reflexo do Taj Mahal.

O Taj Mahal é um mausoléu islâmico, erguido pelo imperador mongol Shah Jahan para sua terceira esposa, a princesa Mumtaz Mahal (a joia do palácio). Ela era sua favorita e reinava ao seu lado. Mumtaz morreu durante o parto do 14º filho do casal, deixando o imperador inconsolável. O edifício demorou quase vinte anos para ser construído, sendo que a obra do mausoléu principal foi concluída em 1648. Outras estruturas, como o jardim simétrico, ainda levaram mais cinco anos para serem finalizadas. Por isso, o Taj Mahal é conhecido como a maior prova de amor do mundo.

Por ordem do imperador, foram reunidas em Agra as maiores riquezas do mundo. Mármore branco fino das pedreiras locais, jade e cristal da China, turquesa do Tibete, lápis lazulis do Afeganistão, ágatas do Iêmen, safiras de Sri Lanka, ametistas da Pérsia, corais da Arábia Saudita, quartzo dos Himalaias e âmbar do Oceano Índico.

As quatro torres simétricas foram construídas com uma pequena inclinação, para que em caso de terremoto ou desabamento elas nunca caíssem sobre o edifício principal. As inscrições feitas nos mármores são desenhos muçulmanos com pedras semipreciosas incrustadas. A precisão é tanta que somente com uma lupa é possível ver as juntas.

Foram necessários 22 mil trabalhadores para a construção do Taj Mahal, entre pedreiros, escavadores, escultores, pintores, caligrafistas e outros artesãos da época. Teriam sido usados ainda mil elefantes para transportar os materiais que comporiam o edifício.

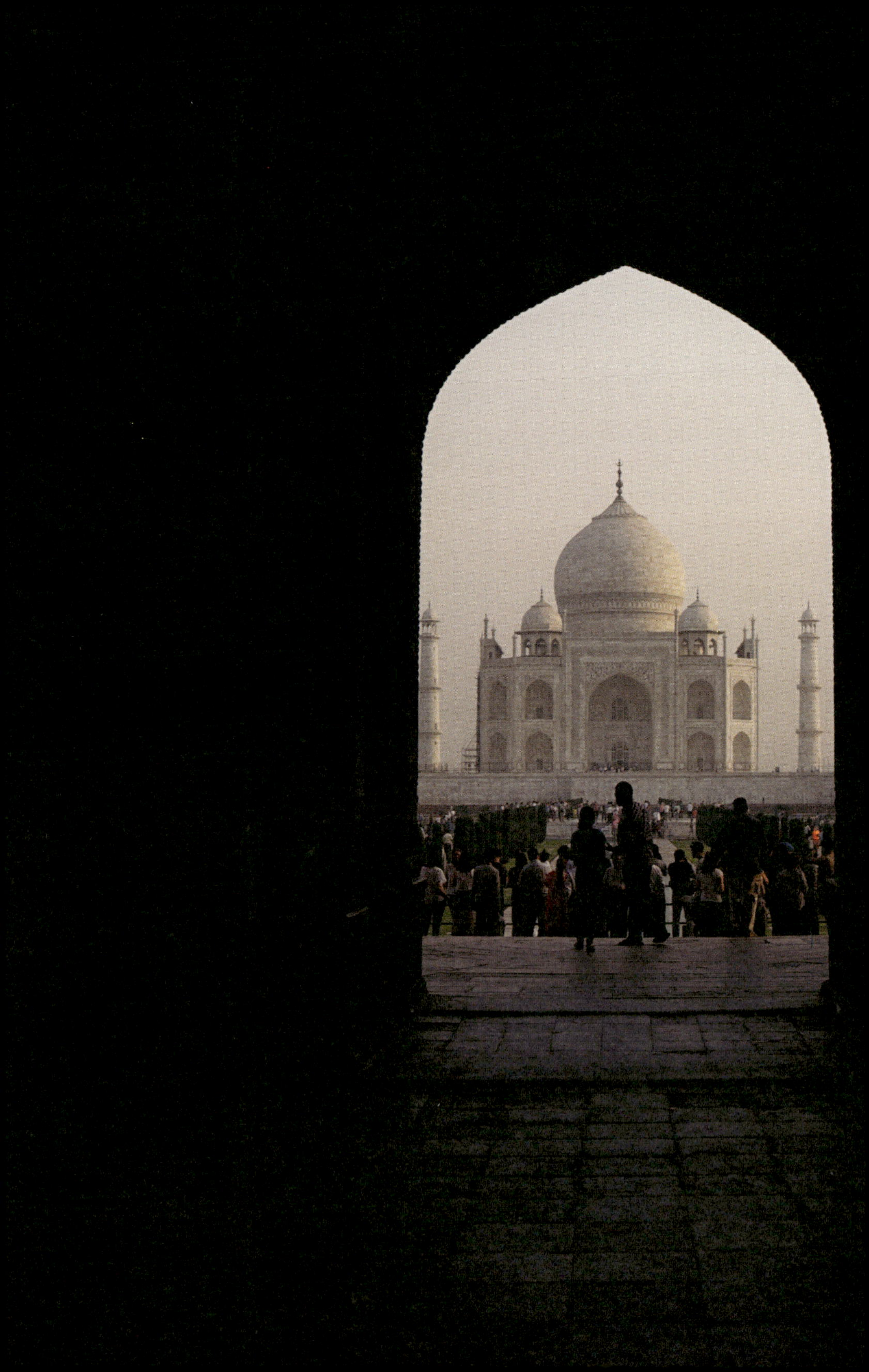

Reza a lenda que o imperador Shah Jahan tinha planos de construir um segundo Taj Mahal, do outro lado do rio, exatamente igual ao primeiro, mas todo em mármore negro. Este seria o seu próprio mausoléu e estaria ligado ao de Mumtaz por uma ponte. Mas ele foi deposto por seu filho e nunca pôde realizar a obra, sendo enterrado no próprio Taj Mahal, ao lado de sua amada.

Durante séculos, esse monumento inspirou poetas, pintores e músicos que tentaram capturar a sua magia em palavras, cores e música. Viajantes cruzaram continentes inteiros para ver essa esplendorosa beleza, e esse foi o meu caso. Visitar o Taj Mahal foi uma experiência única. Para mim é uma tarefa difícil traduzir tanto esplendor e sentimento em poucas palavras.

Viajar para a Índia pode ser uma experiência transformadora, chocante, um tapa na cara, um soco no estômago (digo por experiência própria... pimentas!), uma descoberta espiritual, um *plot twist* nos sentidos, um mergulho no caos, um sentimento de humanidade e tristeza diante de tanta miséria, uma alegria intensa, cores, cheiros, beleza, cultura transpirando por todos os poros de um povo com uma história tão rica. Com certeza, a Índia é um dos lugares mais incríveis que já visitei. Transbordo de alegria ao lembrar que vi o Taj Mahal com meus próprios olhos. Tem um grande espaço no meu coração onde guardo lindas memórias dessa curta (mas plena) visita à Índia.

Hora de seguir a jornada. Vamos para a Jordânia. 🌎

Vista do Taj Mahal pelo Forte Vermelho

O maravilhoso Taj Mahal de perto

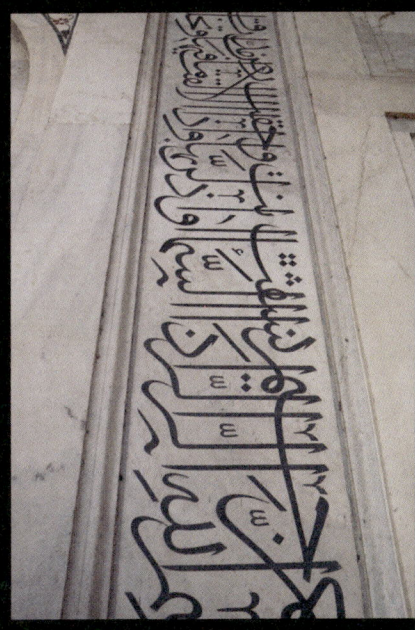

Inscrição

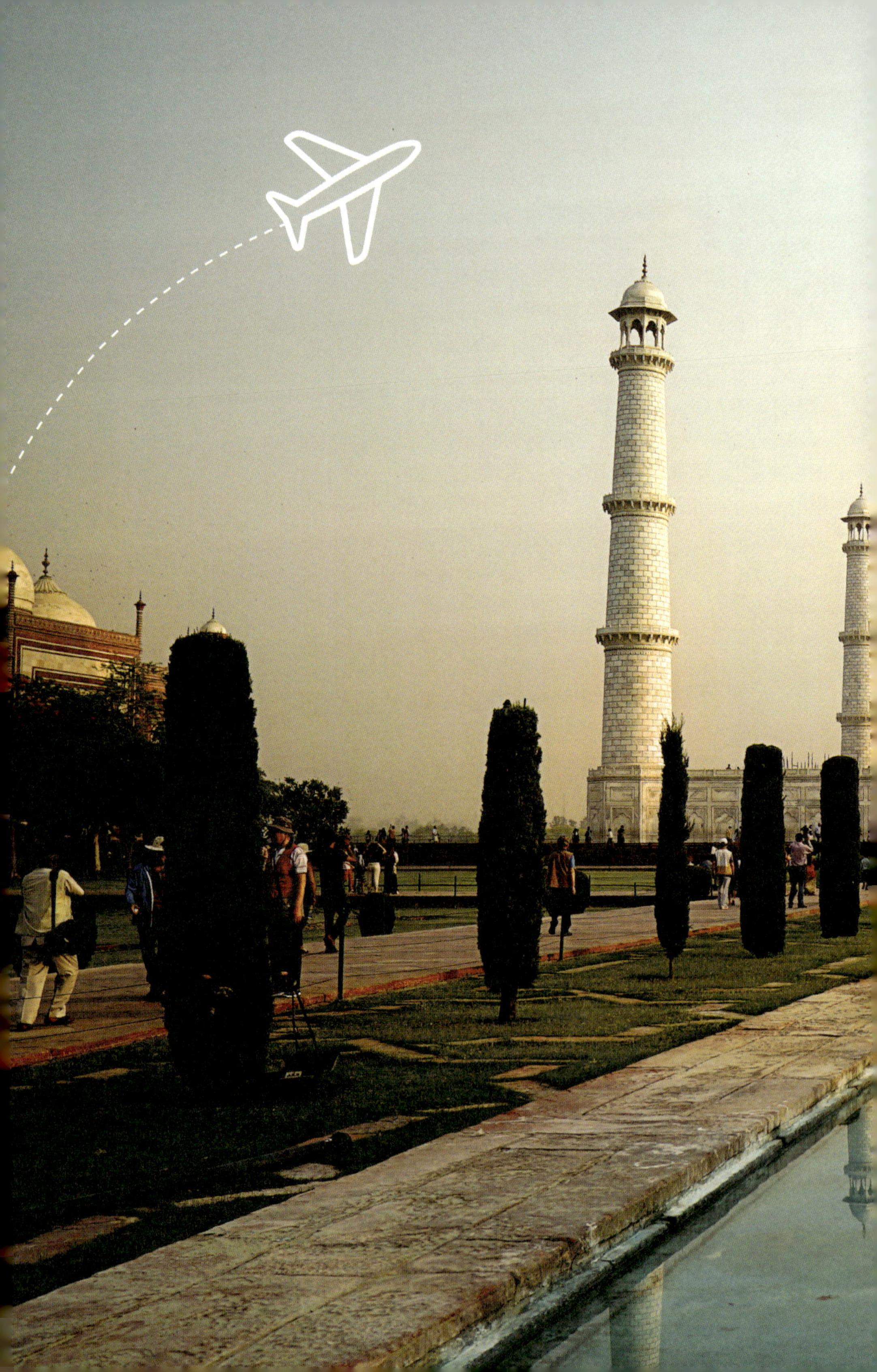

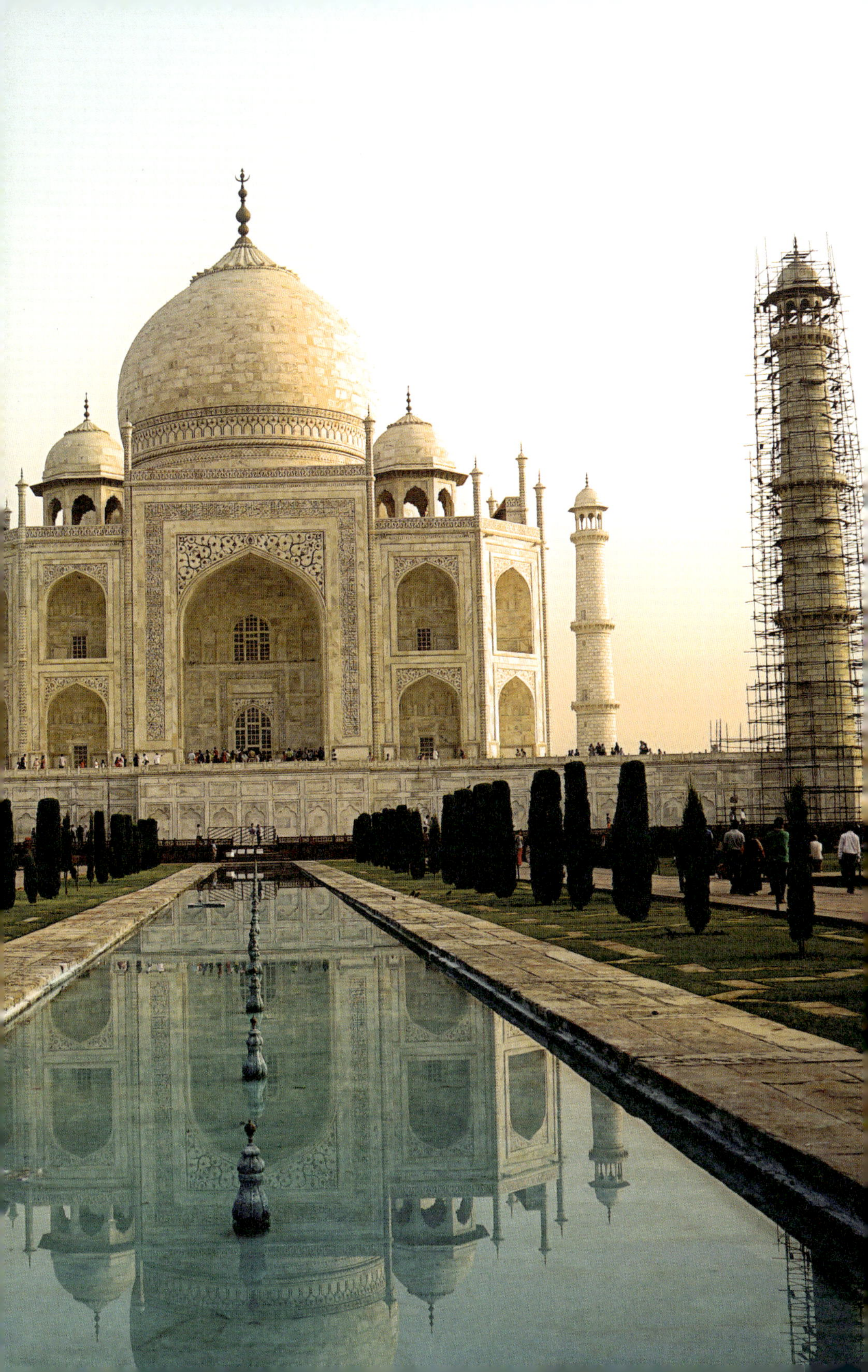

4 ▶▶Jordânia

Petra

✈ **SAÍMOS ENTÃO** da China para a Índia, e da Índia para a Jordânia, numa época em que os conflitos no Oriente Médio e Ásia estavam a toda.

"Dois atentados a bomba em igrejas no Egito deixaram dezenas de mortos e feridos."

"Pelo menos 58 pessoas foram mortas e dezenas ficaram feridas no que teria sido um ataque químico em uma cidade no noroeste da Síria, dominada por rebeldes."

"Irã faz desfile militar e ameaça: 'Morte a Israel'. O Irã mostrou seus mais recentes mísseis antiaéreos na parada anual do Dia do Exército."

"Ataque químico mata dezenas na Síria."

O mundo estava (está) doente. As notícias não eram nem um pouco animadoras. Enquanto estávamos na China, sempre que eu ligava a televisão havia notícias de que a tensão entre a Coreia do Norte e os EUA continuava se agravando.

"Coreia do Norte ameaça 'reduzir os EUA a cinzas' com ataque preventivo."

"EUA e Coreia do Norte estão mais perto de uma guerra, alerta ex-oficial."

"A história diz que as chances de EUA e China entrarem em guerra são de 3 em 4."

Oremos pelo mundo. Enquanto conhecia e explorava as maravilhas deste planeta incrível, inúmeras tragédias estavam em curso, com cidades sendo destruídas, pessoas matando, pessoas morrendo. Para onde quer que eu olhasse, via notícias piores, retratos de uma sociedade desumana, vestígios de uma geração livre e cruelmente perdida de si mesma. Os jornais apresentam barbáries piores dia após dia, e nossos olhares infelizmente vão se acostumando... Se acostumando com o inadmissível, com o impensável, com os absurdos e com a covardia desse ser chamado "humano".

Ainda assim, olho para as belezas que Deus criou e sempre penso: "Ainda temos uma chance, ainda podemos mudar, ainda podemos ter esperança". O mundo nunca precisou tanto do amor como agora. Vamos trabalhar juntos para melhorar o mundo em que vivemos. *Namastê. Salaam Aleikum.* ("O divino que habita em mim saúda o divino que habita em você" e "Paz em você")

▶▶ Amã

Check-in no aeroporto Indira Gandhi. O limite de peso da bagagem que poderia ser despachada no avião era de 30 quilos. As nossas malas estavam pesando exatamente 29,9kg.

Corremos pelos corredores do aeroporto até o portão de embarque, e quase perdemos o voo entre Nova Délhi e Dubai, e depois para Amã, na Jordânia. Até hoje nunca perdi um voo. Tive algumas correrias, alguns atrasos, mas tenho meu histórico intacto (ainda). O motivo do nosso atraso foi a segurança no aeroporto. Muitas pessoas na fila e um processo moroso, pois a segurança é feita pelo exército, com agentes armados, um procedimento muito rígido. A segurança analisou nossos drones e câmeras.

Seria o momento, então, de usar as passagens que comprei pressionado de última hora em Hong Kong. Três horas de Nova Délhi até Dubai, e depois mais três horas de Dubai para Amã.

Havia saído de casa no fim de março. Fiquei quinze dias na China, seis dias na Índia e ficaria mais alguns dias ainda incertos na Jordânia. Saí de casa sem saber quando voltaria, onde iria ficar, com quem iria. Meus pais não sabiam quando eu voltaria para casa, e eu muito menos.

Na tela interativa do avião havia uma opção que mostrava a direção em que estava Meca, para que os muçulmanos pudessem realizar o Salah, as cinco orações públicas diárias que cada muçulmano deve fazer voltado para Meca. Esse é um dos cinco pilares do Islã. Em outras línguas essas orações são chamadas de Namaz (aprendi isso com um amigo no Marrocos, mas é papo para outra história).

Quando pousamos em Amã, passamos pela imigração (o que é sempre um grande desafio pra mim). O agente da imigração inspecionou meu passaporte, página por página, visto por visto, carimbo por carimbo. Ouvi as mesmas perguntas de sempre: "Onde vai ficar?", "Quanto tempo?", "Quanto dinheiro?", "Qual sua ocupação?", "Trabalha?", "Estuda?". Respondi a todas na maior tranquilidade. Nada poderia acontecer, eu já estava calejado de tantas outras imigrações.

O rapaz saiu da cabine, pegou meu passaporte, seguiu pelo corredor e entrou por uma porta. Esperei por cinco minutos. Nisso, ele voltou e me disse para entrar naquela sala. No que abri a porta, saiu fumaça pelas arestas, muita fumaça. Lá dentro havia cinco homens sentados conversando e fumando charuto, parecendo cena de filme. Um homem de terno folheou meu passaporte e olhou para meu rosto à medida que lia os lugares que eu havia visitado. "Hmm… Londres, São Francisco, Índia, China, Peru, Tailândia entre outros". Ainda me encarando, ele deu uma tragada com a cara fechada, e os outros quatro homens da sala ficaram me observando. Até que ele disse:

– Bem-vindo à Jordânia.

Peguei meu passaporte e os homens voltaram a conversar. Saí da sala sem entender nada.

Tinha 100 dólares para trocar. Normalmente, levo algum trocado em dólares para os lugares que visito para fazer câmbio pela moeda local e ter alguma grana pra comer. É comum eu entregar uma nota de dólar e receber muitas notas da outra moeda, ficando com um bolo de dinheiro. Na Jordânia, no entanto, me surpreendi: ao entregar minha nota, recebi em troca uma outra única nota de 50 dinares jordanos. Tomei um susto! Não havia pesquisado sobre a moeda, mas só pelo câmbio pude ver que o poder de compra era elevado. Geralmente, uma refeição média custaria em torno de 3 a 5 dinares.

Quando saí do aeroporto e tive aquela vista incrível do sol se pondo ao fundo e uma estradinha cercada de areia, a ficha caiu: eu havia chegado ao Oriente Médio.

Tudo era bege, bem diferente da China, de Hong Kong e da Índia. O mundo é incrível. Pude ver muitas ovelhas, famílias inteiras com os carros parados nos acostamentos da estrada fazendo um piquenique no final da tarde e, ao fundo, a linda paisagem de uma cidade cercada pelo deserto.

Não cometemos o mesmo erro da visita à Índia: pesquisamos melhor a hospedagem que nos acomodaria. Dessa vez, o quarto que escolhemos era relativamente bom. Só tinha um problema: o chuveiro parecia um conta-gotas.

Saímos bem cedo no primeiro dia em direção ao Templo de Hércules, que fica na cidadela de Amã (um local histórico no centro). Foram encontradas no local evidências de ocupação feitas de cerâmica, que datavam do período neolítico (último período da pré-história, que vai de 10 a 6 mil anos antes de Cristo). Amã foi povoada por diversos povos e culturas. A cidadela é considerada um dos mais antigos lugares continuamente habitados do mundo.

Fomos a pé cruzando a cidade. Subimos a colina mais alta até chegar à bilheteria. A entrada para a visita custou 3 dinares. Depois de entrar, era possível ficar o dia todo. Sol forte. Dava para ver grande parte da cidade lá de cima.

Dois pilares gigantes representavam os restos do Templo de Hércules, construído durante o Império Romano. A famosa mão esculpida em pedra retratava a grandeza da construção em seus dias de glória. Foi pensado para ser a estrutura romana mais significativa de Amã. O templo recebeu esse nome em homenagem a Hércules, um dos deuses romanos de maior importância, que tinha a missão de proteger a cidade.

Na cidadela, a maior parte do local era tomada por ruínas, resultado de um terrível terremoto.

De lá, descemos ruas, becos e escadas até chegar à avenida onde se encontrava o Anfiteatro Romano. (Assim como o Coliseu)

Erguido no ano de 170 d.C e com capacidade de receber 6 mil pessoas, o anfiteatro tem divisões para a disposição de seus espectadores: governantes à frente, militares no meio e o público em geral em cima. O anfiteatro é muito bem conservado, e desde que foi restaurado, por volta de 1950, voltou a ser utilizado em apresentações.

O mais legal do anfiteatro é poder sentar, admirar o local, ouvir e observar as pessoas, simplesmente ver a vida acontecendo.

Por volta das 15h00, meu estômago começou a roncar. Saímos então sem direção, buscando um lugar onde pudéssemos almoçar. Vi lojas e mais lojas, carros, pessoas e nada de um restaurante. Acabamos no meio de um *souk* (mercado em árabe). Passamos por dentro do mercado local e avistamos umas mesinhas no que parecia ser um restaurante de rua.

O rapaz que se identificou como atendente disse que poderíamos nos sentar em qualquer mesa. Eu não sabia do que se tratava o local, então localizei um casal comendo e fui pedir ajuda para saber o que se servia no restaurante. Eles eram norte-americanos e me avisaram que para escolher a comida era só com "sim" ou "não": o restaurante só servia um prato. O casal me ofereceu um pouco de sua comida, pois a quantidade servida era farta. Quando olhei de volta para o meu lugar, o atendente estava colocando vários potes sobre a mesa. Uma cesta de pães, falafel, homus, salada e batata frita. A comida estava incrível, um almoço de rua bem tradicional pelo preço de 5 dinares.

Restaurante de rua

Era hora de explorar mais. Subimos escadas, passamos por mais vielas, mais mercados e chegamos a uma rua muito movimentada chamada Rainbow Street. Várias lojas de lembranças, presentes, roupas e também diversos restaurantes. Comprei alguns chaveiros e também areia do Mar Morto, para fazer tratamento de pele.

▶ Palestina

No dia seguinte, fomos visitar o Mar Morto. No caminho, o exército parou nosso carro e pediu nosso passaporte por medidas de segurança. Estávamos na borda do país, na divisa entre Jordânia, Palestina e Israel. O sinal do telefone já informava: Palestina. Pegamos um ônibus com vinte outros turistas de diversas nacionalidades para visitar o local do batismo de Jesus Cristo, às margens do Rio Jordão.

Naquela área foram construídas várias igrejas de denominações diversas e em diferentes épocas. É curioso ver que, apesar de estarem cercados por países que vivem em guerra por causa de religião, na Jordânia há tolerância e respeita-se a liberdade religiosa.

Vimos do ônibus o monte onde o profeta Elias ascendeu aos céus e também a caverna onde João Batista morava.

Local onde aconteceu o batismo de Jesus Cristo, às margens do Rio Jordão

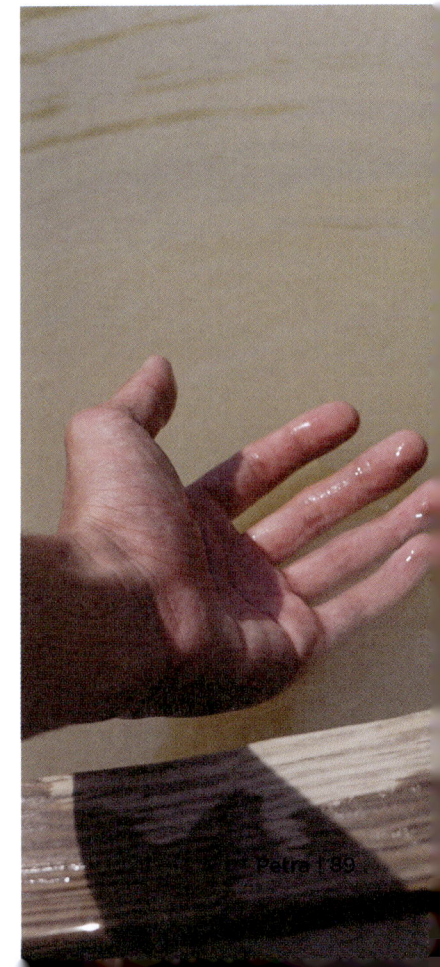

O ônibus parou e então seguimos o resto da viagem a pé, em um percurso de aproximadamente dois quilômetros num solo plano de terra batida. Essa área ficou vários anos inacessível para turistas e peregrinos por ser uma área militar e de conflitos, e também por estar localizada na fronteira entre os países.

Chegamos então à "piscina" na qual Jesus foi batizado, descoberta por arqueólogos a partir de escavações. O papa Bento XVI, em visita ao local, reconheceu aquele como um dos locais mais importantes da Terra Santa para os cristãos.

Os lugares estão exatamente como foram encontrados. É possível realizar batismos no Rio Jordão. Eu pude presenciar um, que ocorreu exatamente na fronteira com a Palestina. Pude tocar a água do mesmo rio em que Jesus Cristo foi batizado. Uma energia incrível emanava dali.

Seguimos depois para o cânion de Wadi Mujib, reserva natural com a menor altitude do mundo: quatrocentos metros abaixo do nível do mar.

Wadi Mujib

Para visitá-lo, tivemos que tirar tudo o que tínhamos nos bolsos. Fizemos uma trilha por dentro de uma ravina com quedas d'agua de vinte metros.

Por dentro do cânion era preciso nadar, desviar de pedras e escalar algumas, seguindo o curso do rio conforme o nível. O cânion era bastante largo e a água não era muito revolta. Mas, à medida em que se sobe, o desfiladeiro vai se tornando mais e mais estreito e as rochas vão criando obstáculos pelo caminho. O percurso dura aproximadamente duas horas entre subir o rio e voltar. Saí da trilha com vários cortes pelo corpo.

O Mar Morto, lago salgado mais profundo do mundo

O rio que passa pelo cânion deságua no Mar Morto, onde chegamos ao atravessar uma faixa de estrada. Que coisa mais incrível! Não havia animais ali; por conta da alta salinidade, não sobrevivem peixes nem vegetação. Estávamos no local mais baixo da Terra, literalmente.

Os 423 metros abaixo do nível do mar não são superados por nenhum outro lugar do planeta. É também o lago salgado (sim, o Mar Morto é um lago) mais profundo do mundo, com 304 metros da superfície até o fundo. É um local único.

É impossível mergulhar no Mar Morto. Por mais que você queira ou tente, é fisicamente impossível afundar ali. Minhas tentativas frustradas foram muito engraçadas. Eu normalmente não consigo boiar em piscinas, nunca tive a sensação de estar boiando. A primeira vez que consegui foi no Mar Morto.

Decidimos comprar um pato inflável para brincar no lago, cuja lama faz bem para a pele e é amplamente utilizada na indústria de cosméticos mundo afora. Um potinho minúsculo de creme facial que contenha essa lama custa uma fortuna.

▶▶ Petra

Queríamos visitar Petra no dia seguinte, mas não tínhamos carro nem noção da distância a ser percorrida até lá. Pesquisamos na internet e encontramos o telefone de um motorista local. Ele topou nos levar até Petra e depois dar uma volta no deserto de Wadi Rum.

Eram 5 da manhã e eu já estava preparado, baterias recarregadas na mochila, pronto para um dia lotado de visitas. Quando descemos até a rua, o motorista estava arrumando o motor do carro, que havia quebrado. Ele nos disse, entretanto, que logo conseguiria consertar. Realizou algumas ligações e assistiu a alguns vídeos na internet. Passados 25 minutos, entrou no carro e conseguiu dar partida no veículo.

Eu não havia tomado café no hotel, e quando faço isso geralmente acabo com enxaqueca pelo resto do dia. Pedi, então, que parássemos rapidamente para comer algo, só pra dar aquela injeção de ânimo. O motorista parou em um café turco. Não foi necessário que saíssemos do carro: parado na calçada, o motorista fez o pedido pela janela a um menino que anotava as requisições. Em um minuto, ele voltou com três copos de bebida. Um café bem forte, feito à moda turca.

Duas horas mais tarde, paramos para tomar um verdadeiro café da manhã árabe, com pão, homus, picles, ovos com batata, tomate e pepino.

Na estrada nos deparamos com uma tempestade de areia. O vento estava muito forte, fazendo o veículo balançar. A visão da pista ficou quase impossível, e a areia batia no vidro do carro com muita força. Ao longo da estrada vimos muitos pneus de caminhões abandonados, provavelmente por estarem furados.

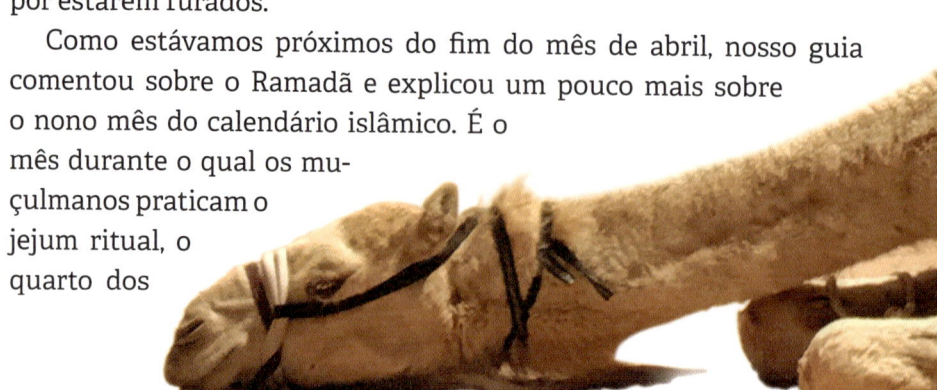

Como estávamos próximos do fim do mês de abril, nosso guia comentou sobre o Ramadã e explicou um pouco mais sobre o nono mês do calendário islâmico. É o mês durante o qual os muçulmanos praticam o jejum ritual, o quarto dos cinco pilares do Islã. É um tempo de renovação da fé, da vivência mais profunda da fraternidade, da companhia e dos valores da vida familiar, da bondade e da prática mais intensa da caridade.

Chegando a Petra, compramos o ingresso e decidimos fazer a trilha pelas montanhas a pé. No meio do caminho, que levaria cerca de uma hora e meia, homens insistentes nos seguiam oferecendo um passeio a cavalo por cima das montanhas. Havia muitos cambistas, poderíamos ser facilmente enganados, mas a intuição falou mais alto e aceitamos. O cambista disse que seria a melhor visão que teríamos de Petra, por cima das montanhas.

Cada um de nós pegou um cavalo. Eu, que nunca tinha cavalgado antes, fiquei receoso, mas logo já estava compreendendo os comandos e domando o animal. Nas primeiras subidas, sentia como se fosse cair para trás. A melhor parte de guiar o cavalo pelas montanhas foram as descidas. Ele não media esforços, descia a toda velocidade e parava de repente.

Subimos até o topo da montanha, levando uma hora de trilha com os cavalos até lá. Parecia uma cena de filme do Indiana Jones. No topo da montanha encontramos alguns nômades que

Petra a cavalo

vendiam souvenirs. Eles fizeram um chá e ofereceram pra gente. Tomamos e vimos o sítio arqueológico por cima. O esforço da subida é recompensado pela visão de um dos maiores e mais emblemáticos monumentos da cidade. Foi realmente a melhor visão de Petra que poderíamos ter.

Fizemos o caminho de volta com os cavalos e fomos explorar a cidade pela parte de baixo. Petra representa um dos mais importantes tesouros arqueológicos do planeta e é a atração mais famosa e impressionante da Jordânia, conhecida também como a Cidade Rosa devido à cor da pedra na qual foi esculpida. Peguei um pouco de areia no chão, ela tinha uma linda coloração.

A região onde se encontra Petra foi ocupada pela tribo dos nabateus, que eram árabes nômades que aproveitaram a proximidade do lugar com as rotas comerciais da região para estabelecer um importante centro comercial. A região viveu um período de prosperidade, mas dois grandes terremotos devastaram a cidade, desviando as rotas comerciais para outros caminhos. A prosperidade deu então lugar a uma verdadeira cidade deserta, que assim permaneceu por muitos e muitos anos.

Petra foi um importante ponto das rotas da seda e das especiarias. Esquecida por 1.200 anos, foi reencontrada pelo explorador suíço Johann Ludwig Burckhardt, em 1812.

Estima-se que o tempo necessário para um tour completo pela cidade leve de quatro a cinco dias. Tínhamos apenas metade de um. Então nos apressamos e fomos explorar o máximo que podíamos.

Na descida, vi ainda umas pobres almas sofrendo com os degraus. Elas me perguntaram o quanto faltava pra chegar. Apesar do cansaço, a sensação

As formidáveis ruínas de Petra

era maravilhosa. O esplendor do lugar compensava, sem dúvida. Pela jornada, pela experiência.

Seguimos para o deserto de Wadi Rum, local onde foi gravado o filme *Perdido em Marte*. Wadi Rum é um dos poucos lugares do mundo praticamente intocados pelo homem, e a escolha do cenário para recriar Marte não poderia ter sido melhor. Você sente de fato que está em outro planeta inabitado, onde o silêncio predomina na maior parte do tempo. Era a primeira vez que eu havia estado em um deserto. A paisagem era dividida em uma imensidão de areia e rochas que chegavam a atingir 1.800 metros de altura.

Nosso guia nos levou até seu amigo, Hamad, que usava as vestimentas dos beduínos. Ele tinha uma pickup 4x4 e nos levou para dar um rolê pelo deserto. Subimos e descemos pelas dunas, até que um pneu furou. Tivemos que parar, e Hamad tentou fazer algumas ligações; no entanto, ficamos sem sinal no meio do deserto. O vento forte jogava grãos de areia contra nossa pele e aquilo doía como um corte seco. Naquele momento, daria tudo para ter uma roupa longa como a de Hamad. Ele então pegou uma bomba de ar de dentro do carro e fez alguns procedimentos no pneu para voltar a andar. Já estava começando a anoitecer.

Corremos até a pedra mais alta que encontramos e escalamos até o topo para observar o pôr do sol no deserto da Jordânia. Incrível! Na descida, avistamos fumaça ao lado do carro. Quando me aproximei, vi que Hamad tinha preparado um chá para nós com alguns gravetos que havia encontrado por ali e feito uma fogueira. Nunca havia imaginado que um dia tomaria um chá no meio do deserto. Aquele se tornou um dos meus lugares favoritos. O silêncio, a sintonia... O deserto é nulo, nada de energias positivas nem negativas, apenas o silêncio e o vento na imensidão.

"Um dos melhores dias da minha vida", escrevi no bloco de notas do celular, no caminho de volta.

Após o pôr do sol no deserto desfrutamos uma tradicional refeição beduína preparada na fogueira do acampamento. A comida preparada durante o dia é enterrada na areia do deserto, e acaba cozinhando com o calor, sendo servida à noite. Quando a panela que estava enterrada foi aberta, um forte cheiro de cordeiro cozido e suculento foi liberado com a fumaça. Jantamos uma deliciosa refeição acompanhada de música árabe tocada pelos nossos anfitriões. Depois de um dia cheio de descobertas, passar a noite num lugar onde reina o silêncio e a iluminação se dá somente pelas estrelas é algo que vou guardar para sempre na minha memória.

Percorremos novecentos quilômetros de norte a sul do país. De Amã para Petra, de Petra para Wadi Rum. Nove horas de estrada. Acordamos às 4h00 e voltamos às 3h00. Quase 24 horas de jornada. Um dos melhores dias da minha vida.

Um território dividido entre as terras áridas do sul e as terras férteis do norte. A Jordânia é um país do Oriente Médio que facilita o acesso entre Ásia, Europa e África. É uma terra de várias civilizações. Tive a felicidade de visitar esse país tão belo, aprender mais e ver a vida acontecer do outro lado do mundo, longe de casa. Ver os alfaiates nas vielas do centro da cidade, lojas de tecidos, vendedores de suco, comércio de cereais, café e comidas típicas. Gosto de observar o cotidiano das pessoas, de escutar o barulho dos carros, das buzinas, do trânsito enlouquecido, de escutar o som que ecoa dos mosques sagrados. Que jornada!

▶▶ Imprevistos na volta

Hora de voltar para casa. E sozinho. De Amã para Dubai. De Dubai para o Brasil. O Federico foi para Madrid encontrar alguns familiares. Segui para um lado e o Federico para o outro.

Embarquei. Após oito horas de voo, o avião estava próximo de sair da África rumo ao Brasil. De repente, o comandante emitiu o seguinte recado:

– *Senhoras e senhores, devido a falhas técnicas, não conseguiremos sobrevoar o mar. Estamos voltando para Dubai.*

Os passageiros ficaram de pé, o caos se instaurou no avião. Pessoas indo de um lado para outro, um burburinho, conversas, sons de alerta do comissário de bordo. Todos boquiabertos, sem entender direito o que acontecia.

Eu estava com o tênis molhado, sem palmilha, com areia, cheio de sal do Mar Morto. Não via a hora de chegar em casa, tomar um belo banho e trocar de tênis. Não havia me restado uma única meia após esses trinta dias fora de casa.

Pela primeira vez, em meio a todo esse transtorno, fiquei em paz. Nós não temos o controle de todas as situações. Na maioria das ocasiões ficamos chateados e reclamamos das circunstâncias que impedem ou atrasam a realização dos nossos objetivos. Às vezes, tais circunstâncias, tais barreiras, aparecem para nos proteger de algo ainda pior que poderia acontecer. Eu teria que voltar para Dubai, isso era um fato. Aceitei a mudança de planos e tentei enxergar o lado positivo da situação. Teve pizza logo após o anúncio.

Voamos por oito horas, e teríamos que retroceder oito horas. A volta foi bem complicada, muita turbulência, as luzes e as telas ficaram apagadas pelo resto da viagem. Ficamos no escuro total. No fim, pousamos em segurança, deu tudo certo. Acessei, então, um aplicativo no celular para checar o percurso que o avião tinha feito.

A companhia aérea forneceu uma estadia de hotel e novos bilhetes de Dubai para São Paulo, para o dia seguinte. Olhando pelo lado bom, ganhei doze horas em Dubai e um carimbo novo no passaporte.

Por ora, um merecido descanso. Nos vemos no México!

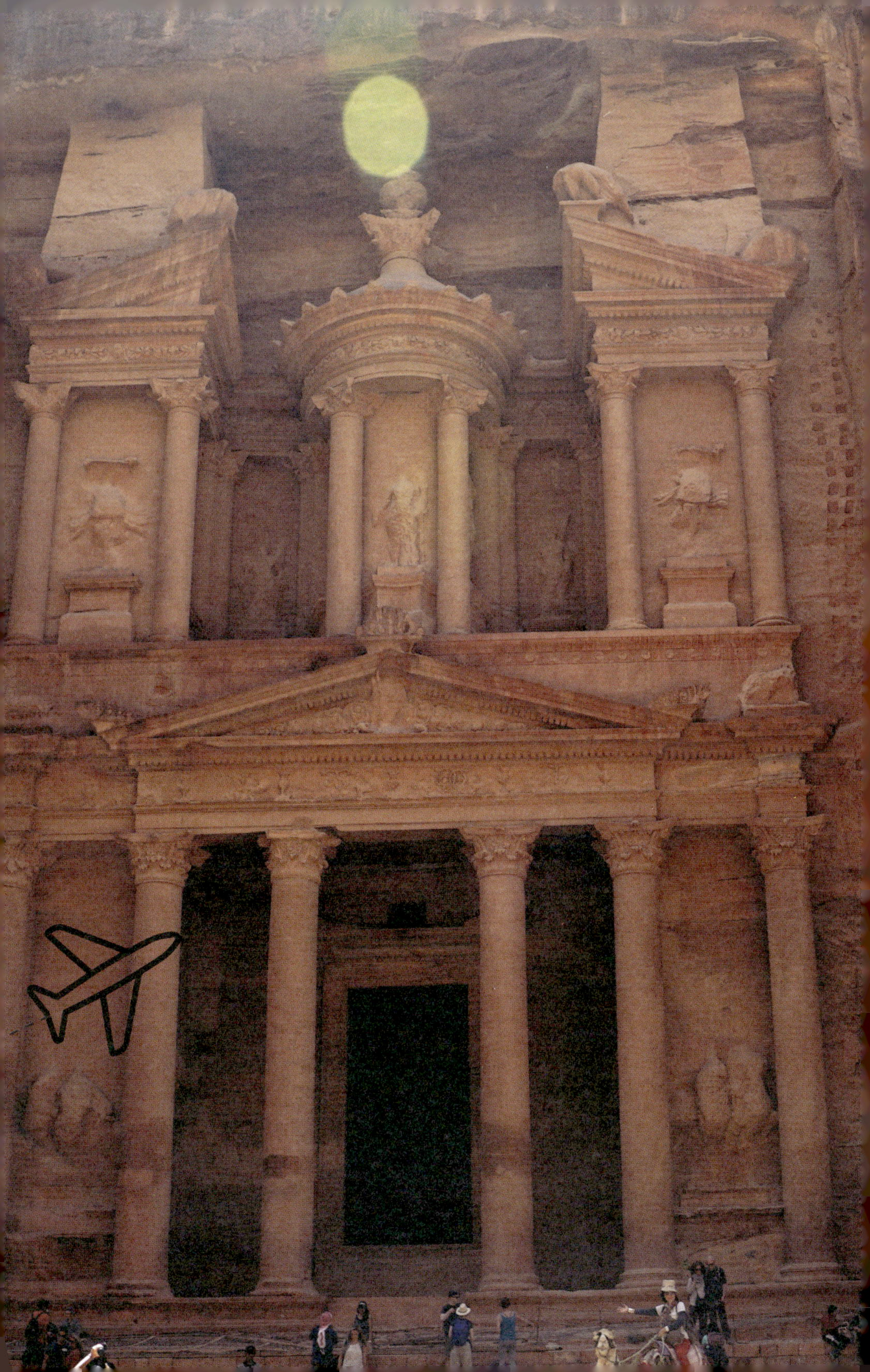

5 ▶▶México

Chichén Itzá

✈ **DUAS SEMANAS** após chegar do Oriente Médio e Ásia, dei início à minha jornada para o México. Depois de visitar quatro das sete Maravilhas do Mundo Moderno, fiquei me perguntando qual seria a próxima. Quinze dias depois de visitar Petra, eu estava em casa descansando e tirando o atraso do trabalho, amigos e família, quando recebi uma ligação. Era um convite para o tapete vermelho do filme do Tom Cruise, *A múmia* (2017). Coincidentemente, a première do filme seria na Cidade do México. Eu realmente estava muito cansado, tinha acabado de voltar de uma jornada de mais de um mês fora de casa. Cansado, porém com muita vontade de viajar novamente, conhecer um novo país, comer tacos! Topei sem pensar duas vezes, só fiz um pedido muito especial: que emitissem a passagem de volta para cinco dias depois, pois após a première eu iria para Chichén Itzá, a Maravilha do Mundo Moderno mexicana.

Sempre que viajo faço questão de me sentar próximo à janela. Acho incríveis a decolagem, o pouso, poder acompanhar o voo, ver as cidades de cima, ficar olhando para o mapa na telinha e ver que estou passando por cima de determinado lugar e brisar nas paisagens.

Consegui fazer o check-in cedo e escolhi um assento na primeira fileira, em frente à asa, e pude ter uma vista incrível. O avião de São Paulo para o Panamá não era tão grande, contando com duas fileiras de dois assentos apenas.

Na noite da viagem, uma forte névoa tomava conta de São Paulo. Não era possível ver a cidade de dentro do avião antes da decolagem, apenas uma densa camada branca. O incrível foi que, ao passar pela camada de névoa e ficar por cima, vi algo que nunca tinha visto antes: uma nuvem baixa próxima aos prédios, como se fosse um tapete branco adornado com diversas cores e luzes, e, acima, um céu limpo e a Lua.

É tão bom ficar horas no avião... Mesmo da vez que o avião voltou, ainda assim foi bom passar algumas horas sozinho. É bom gastar um tempo pensando em nada e, ao mesmo tempo, em tudo, viajando em ideias que no fundo você sabe que não vão acontecer. E, depois, deixar outro pensamento tomar conta e esquecer um pouco da vida online, dos recados e das obrigações sem se preocupar em dar satisfação.

Durante os voos, normalmente não assisto a filmes nem me ocupo muito. Coloco meu fone de ouvido e viajo nas músicas, criando clipes enquanto olho pela janelinha. Inclusive, se você precisar de um diretor para um videoclipe, é só me chamar! Me coloque num voo longo e eu consigo conceber um clipe para cada música de um álbum!

Escala de algumas horas no Panamá antes de embarcar para o México. Rodei o aeroporto em busca de um chapéu panamenho, mas não tive sucesso. Uma vez no México, chegou o temível momento de passar pela imigração (que, a essa altura, você já sabe que me dá um grande cagaço). O agente dessa vez fez muitas perguntas, talvez porque eu estivesse um pouco desleixado naquele dia, devo admitir. Lembre-se: sempre que for passar pela imigração, esteja confiante, com todas as reservas em mãos e documentos necessários, senão será uma dor de cabeça.

Lembro-me da vez em que fui a Los Angeles cobrir o lançamento de um filme da franquia Star Wars. Não tenho visto de trabalho, só de turismo. Ficaria apenas quatro dias na cidade, cobriria o evento num dia e nos outros três passearia por conta própria. Não era um trabalho remunerado, apenas um convite. Sem pensar, preenchi o formulário de imigração com o propósito de viagem profissional. Ao passar pela imigração, tive que explicar que iria participar do tapete vermelho e que não receberia nada por isso. A oficial não me liberou e pediu que eu arrumasse alguns documentos com a produtora que havia me convidado. A situação demorou mais de uma hora para ser resolvida, pois o escritório da filial brasileira ainda não estava aberto naquele horário. Depois de ajustada a burocracia, fui liberado.

No México, o agente da imigração ainda solicitou minha reserva de hotel. Eu não tinha, não havia feito a reserva e a empresa que a fez somente enviou o endereço. Tive que pedir para que me mandassem um documento em que constasse a reserva. Enquanto isso, o oficial foi folheando meu passaporte, perguntando sobre os destinos que eu já havia visitado. Alguns minutos depois, cansado de esperar, ele acabou me liberando. Corri, então, para buscar minhas malas.

▶ Cidade do México

Cidade do México, uma das maiores do mundo. Também é conhecida pelo trânsito caótico. Li certa vez uma pesquisa com uma lista das cidades com os piores trânsitos do mundo. Lá constavam Índia, Pequim e Cidade do México. Sobre duas delas eles tinham acertado: o trânsito na Índia é realmente caótico; em Pequim, é inevitável. Faltava descobrir se estavam certos sobre a Cidade do México também...

Estavam.

Levei duas horas no percurso de dez quilômetros entre o aeroporto e o hotel. O metrô e o metrobús são as melhores alternativas para fugir dos engarrafamentos. O carro é útil para distâncias mais curtas e para circular por locais mais afastados do centro da cidade. É bom evitar os ônibus comuns, pois são decadentes e perigosos.

Eu não estava aguentando esperar mais! Após onze horas de voo e mais duas de trânsito, queria passear logo pela cidade, aproveitar ao máximo, conhecer mais da cultura maia e asteca, visitar os museus e catedrais, curtir tudo de Frida Kahlo, experimentar as exóticas comidas mexicanas e conhecer algumas pirâmides. O México é o sexto país com o maior número de locais declarados pela Unesco como patrimônios da humanidade.

Deixei as malas no hotel e saí a pé pela cidade procurando algo para comer. Encontrei um buffet e resolvi almoçar por lá. Era possível comer à vontade, escolhendo as comidas no buffet – uma mistura de comida japonesa, pães, macarrão e comida mexicana. Por fim, havia um chef que preparava os pratos quentes e frescos. Não sou muito de me arriscar no espanhol, mas queria muito experimentar alguns pratos.

– *O que tienes?* – perguntei pro chef.

Acho que ele entendeu o que eu disse, pois me respondeu imediatamente. Só que muito rápido, e eu entendi mais ou menos isso:

– *"Woeplcos tenemos pollo, iuowefvix, taco, wocapwlei quesadilla."*

Do sei-lá-o-que que ele disse, identifiquei as palavras *pollo*, *taco* e *quesadilla*. Respondi a ele essas mesmas palavras, e ele pediu para que eu esperasse na mesa, que iria entregar lá. Não tinha noção de qual prato chegaria.

Uma quesadilla preta, nachos e guacamole. Tudo um pouco assustador à primeira vista. Porém, a quesadilla preta com frango, queijo e cogumelos estava muito saborosa. O guacamole estava incrível. Eu tinha comido essa iguaria algumas vezes, tanto no Brasil quanto em outros países, mas nem se compara. Em todas as outras vezes, o sabor do abacate ficava forte demais. No México, entretanto, os temperos se juntavam ao sabor da fruta e criavam textura e gosto de uma maionese caseira bem temperadinha. Era um patê divino.

Almoço apimentado

Almocei e continuei dando uma volta pela cidade. Lá pelo fim da tarde, peguei um táxi e fui até a sede local da Universal Studios para me encontrar com a equipe que veio do Brasil em um voo diferente do meu para assistir uma sessão exclusiva do filme *A múmia*. Era uma sala de cinema pequena, apenas para funcionários, numa sessão para dezoito pessoas, entre críticos e jornalistas. Deixamos nossos passaportes, assinamos um contrato de confidencialidade e embalamos os celulares em saquinhos apropriados.

Vi num mapa que havia uma livraria perto do hotel, a qual visitei à noite. Fui em busca de um livro que havia me esquecido de comprar no aeroporto de São Paulo para ler durante o voo: *Admirável mundo novo*, do Aldous

Huxley. Já tinha lido esse livro em outra ocasião, mas só até a metade. Daria tempo de dar cabo nele durante os próximos voos que ainda faria.

Acordei cedo no dia seguinte, encontrei a equipe e fomos fazer um *city tour*. A primeira parada foi o centro histórico. O Zócalo, como é chamada a Plaza de La Constitución, é um dos locais mais importantes de toda a cidade. Ele abriga o Palácio Nacional, onde estão os painéis de Diego Rivera, e a Catedral Metropolitana. A praça foi construída no local que abrigava o centro político, cultural e religioso da cidade antiga de Tenochtitlan, a maior civilização asteca das Américas.

Plaza de La Constituición

Palácio de Bellas Artes

A Catedral Metropolitana de la Asunción de María é um imponente prédio de 59 metros de altura e 110 metros de largura, construído pelos espanhóis sobre as ruínas do Templo Mayor Azteca. A catedral guarda muita história em suas paredes de mais de quatrocentos anos.

As obras da catedral foram iniciadas no século XVI e tiveram fim no século XIX, sendo que a primeira catedral foi considerada pequena e logo deu lugar a uma nova construção. A Catedral da Cidade do México conta com quatro diferentes fachadas e dois imponentes campanários que fazem

Interior da Catedral Metropolitana

Museu Soumaya

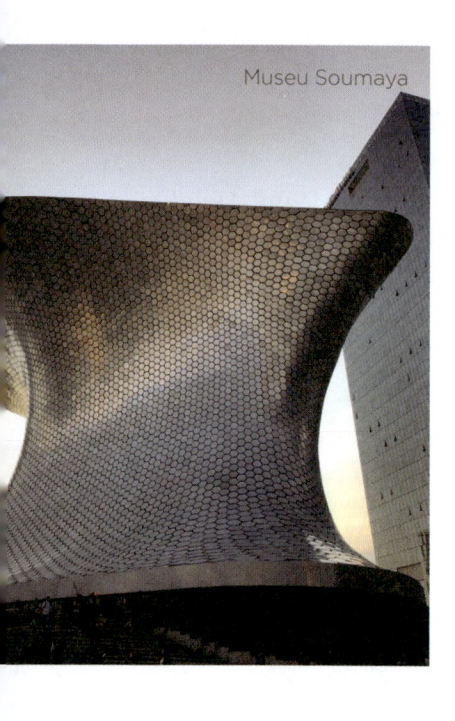

ressoar 25 sinos no centro do Zócalo. O interior é composto de dois grandes altares, dezesseis capelas, uma cripta e cinco naves.

Passamos pelo museu La Casa Azul, que fica em uma das ruas mais belas e antigas da cidade. Nesse lugar viveu a artista plástica Frida Kahlo.

O Palácio de Bellas Artes é um dos edifícios mais bonitos. Foi construído em meio as celebrações do centenário da independência do México. Recebe exposições temporárias, e, além disso, há um teatro onde são realizados espetáculos.

Andando pelo centro histórico, encontramos algumas ruínas da civilização asteca. Caminhamos por entre resquícios dos templos e moradias que marcavam o centro da civilização, dedicados ao deus da chuva, Tlaloc, e ao deus da guerra, Huitzilopochtli.

No fim da tarde, fomos para o evento do tapete vermelho de lançamento de *A múmia*, que seria no Museu Soumaya, um

El ángel de la Independência

dos mais espetaculares do México. A arquitetura espantava, mas o acervo espantava mais ainda. Comparado aos grandes museus europeus, contava com nomes como Sandro Botticelli, Monet, Camille Pissarro, Renoir, Edgar Degas, Van Gogh, Toulouse-Lautrec, Picasso, Max Ernst e Joan Miró, além de uma grande coleção da obra de Salvador Dalí (o mesmo artista do hotel da China).

A viagem duraria três dias no total. No terceiro dia, estávamos todos de malas prontas. A equipe da distribuidora do filme, que me acompanhou no passeio, pegou a van rumo ao aeroporto. Quando aceitei o convite, pedi que minha passagem de volta fosse adiada para quatro dias depois. Enquanto o pessoal estava indo embora, peguei a minha mala, andei cinco quadras e fiz check-in em outro hotel, mais simples. Fiquei sozinho no México por conta própria, com a missão de chegar a Chichén Itzá.

Chichén Itzá fica localizada no estado de Yucatán, a 1434 quilômetros da Cidade do México. Eu não tinha nada programado, só sabia que dispunha de quatro dias para ir até Yucatán e voltar para o aeroporto da Cidade do México. No lobby do novo hotel, troquei uma ideia com o *concierge*. Ele me deu sugestões de como poderia ir até lá. Comentou sobre algumas excursões de ônibus que saíam do centro da cidade e sobre a possibilidade de ir primeiro até Cancun e depois para Yucatán, a cerca de duzentos quilômetros dali. Fazendo os cálculos, um voo da Cidade do México até Cancun sairia por aproximadamente o mesmo valor que as passagens de ônibus. O meu gasto maior seria com a estadia. Como eu não pretendia ficar em um hotel top em Cancun, um hostel ou mesmo uma pousada qualquer já supririam as minhas necessidades.

Sorte que eu havia reservado apenas uma diária no hotel! Comprei então as passagens de avião e parti para Cancun no dia seguinte, mais uma vez sem um lugar para ficar.

▶▶ Cancun apimentada

Pela manhã, no aeroporto, resolvi tomar um café; meu estômago estava roncando. Entrei no restaurante, situado próximo ao portão de embarque. Enquanto folheava o cardápio do lugar, a garçonete me informou que os pratos com frango estavam em promoção. Lá fui eu dar uma olhada. Meu café da manhã: coxa de frango com batata frita.

– *Pimienta*?

– *Si*.

Eu ainda não havia provado as pimentas mexicanas, já era hora. E não me arrependi: foi, sem dúvida, a melhor pimenta que já havia experimentado, sabor forte e picante na medida.

Estava adiantado para o voo e tinha tempo de sobra, então paguei a conta, joguei o recibo no lixo do corredor, fui ao banheiro e me sentei próximo ao portão de embarque, tudo estava correndo bem. As pessoas começaram a embarcar. Entrei na fila e peguei meu passaporte, mas o cartão de embarque não estava dentro das páginas como de costume. Procurei na mochila, nos bolsos da calça e da blusa. Nada. É impossível embarcar sem o ticket. Tentei manter a calma e disse para a comissária que voltaria logo (esse aviso não adiantaria muita coisa, mas eu pelo menos tentei).

Disparei pelos corredores do aeroporto, corri ao banheiro pra ver se tinha esquecido lá, corri até o restaurante, fui à mesa que havia ocupado, perguntei para a garçonete e nada.

Eu me lembrava de ter jogado o recibo do restaurante no lixo do corredor, então fui averiguar. Mas, cá entre nós, que tipo de idiota jogaria o cartão de embarque junto com outro recibo qualquer no lixo? Abri a tampa da lixeira, por desencargo de consciência, as pessoas do aeroporto olhando sem entender nada. E lá estava o cartão de embarque, junto com o recibo do restaurante. Ufa! Minha missão estava salva.

Antes de embarcar, enviei um e-mail para um hotel de Cancun contando a minha missão e pedi um quarto para dormir (vai que...). Fui o último passageiro a entrar. Quando fui me acomodar, vi que no meu assento tinha um homem sentado (bem na janela que eu tinha escolhido). Conversei com o rapaz, e de fato no ticket dele estava marcado o mesmo lugar que o meu. Chamei a comissária, que me disse que o voo estava quase cheio. Tive então que esperar na parte detrás do avião até que se resolvesse a questão dos assentos duplicados. Na pior das hipóteses, eu teria que pegar o próximo voo. Por fim, ainda bem que a comissária encontrou um assento vago no corredor, que era o único restante.

Viajei de calça e blusa. A Cidade do México estava nublada e fria. Cancun, no entanto, estava ensolarada. O céu azul e o sol me receberam bem. Mal pisei fora do aeroporto e já estava morrendo de vontade de dar um pulinho no mar.

Pedi um carro pelo aplicativo de motorista particular. Quando o motorista chegou, pegou minhas malas, colocou-as no veículo e pediu para que eu o cumprimentasse com um abraço, para parecermos amigos ou parentes.

Para minha surpresa, recebi do hotel um e-mail com uma resposta positiva. O hotel Hyatt aceitou me hospedar durante os dias em que estivesse

Hotel 5 estrelas em Cancun

em Cancun. Em nada menos do que em um dos melhores resorts de lá. Novo e moderno, com 574 quartos, 7 restaurantes, 6 bares, 3 piscinas, 2 praias, 1 doceria e 1 cafeteria, tudo incluso e gratuito. Estava sozinho num resort 5 estrelas.

Fiz o check-in, peguei as malas e fui em direção ao meu quarto. No caminho, tinha uma piscina imensa – com golfinhos! – que dava para o mar. O meu quarto tinha uma sacada enorme e uma linda vista para o Mar do Caribe.

O hotel funcionava no método *all inclusive*, então eu poderia comer o quanto quisesse em qualquer restaurante sem precisar pedir a conta, além de fazer spa, massagem e nadar com os golfinhos. Pedi vários pratos disponíveis no serviço de quarto para experimentar as diferentes iguarias.

Dei uma volta pelo gigantesco resort e aproveitei para ir até o farol.

Pela noite, resolvi jantar no melhor restaurante mexicano do hotel. Tacos tradicionais, nachos e pimenta, muita pimenta. Enquanto eu jantava, os mosquitos me devoravam aos poucos. Tomei umas trinta picadas em menos de vinte minutos. Minha perna ficou inchada na hora. Voltei para o quarto e resolvi dormir, pois na manhã seguinte iria finalmente para Chichén Itzá.

No meio da madrugada acordei com uma queimação no estômago como nunca senti na vida. Foi consequência de algumas más escolhas, como frango frito em pleno café da manhã e tacos no jantar. Tudo com muita, muita pimenta... Meu estômago queimava muito, tanto que saí pelo hotel procurando uma farmácia para comprar algum remédio. Como todas estavam fechadas, peguei umas garrafas d'agua para tentar aliviar. Remédio, só pela manhã. Passei aquela noite em claro, sentado no banheiro.

O ônibus da excursão passaria na frente do hotel às 6h00. Às 5h00, eu estava arrumando os equipamentos e indo para a rua esperar pelo ônibus. Fiquei sentado na calçada esperando as lojas e as farmácias abrirem. Já eram 6h00, e nada de o ônibus chegar, o que me fez ter receio de perder o passeio. Quase uma hora depois, um rapaz apareceu e gritou meu nome, pedindo desculpas pelo atraso. Ao entrar no ônibus, ganhei um suco de caixinha e um sanduíche de presunto e queijo no pão de forma.

Dei uma olhada nas pessoas que iriam ao passeio comigo. Eu com certeza era o mais jovem ali. Tirando eu, com 21 anos, o mais jovem deveria ter por volta dos 35. O pessoal da minha idade certamente havia passado a noite virado nas baladas e superfestas de Cancun. Eu também tinha virado a noite, mas por causa do taco apimentado.

▶▶ Chichén Itzá

Duas horas de estrada, e o guia foi contando algumas histórias sobre o povo maia e algumas lendas de Chichén Itzá.

Em uma parada para usar o banheiro, ao sair do ônibus vejo uma lojinha de artesanato maia. Antes que eu pudesse entrar na loja, um local me ofereceu um colar de presente. Vendo a cena, o guia disse para que eu aceitasse; era um colar de conchas, que eu achei muito bonito. Perguntei como se dizia "obrigado" em maia (algo que soava como "mulekin", pela minha pesquisa) e agradeci pelo lindo presente.

Passei na bilheteria da entrada do sítio arqueológico. Fomos separados em duas turmas, uma para língua inglesa e outra para o espanhol. Lá havia um centro de atendimento bem-estruturado, com restaurantes, lanchonetes, banheiros, casa de câmbio e lojinhas.

Pirâmide de Chichén Itzá

Logo na entrada era possível ver a pirâmide El Castillo, que muitos pensam que se chama Chichén Itzá. Na verdade, esse nome diz respeito a capital da civilização maia, e atualmente é o sítio arqueológico mais visitado do México. O sítio reúne dezesseis lindas construções, que foram erguidas com muita precisão. Todas as construções de Chichén Itzá possuem vários significados.

A primeira parada foi na famosa pirâmide, o Templo de Kukulcán, também conhecida por El Castillo. A pirâmide tem 30 metros de altura e 91 degraus em cada um dos seus quatro lados, que, somados ao último degrau do topo, totalizam 365 degraus, um para cada dia do ano no calendário maia. Nós nos posicionamos de frente para uma das escadas, e então começamos a bater palmas em grupo de forma ritmada. A escada produzia um eco que subia até o topo da pirâmide, e nosso guia comentou que aquele som que ouvíamos era bem parecido com o de uma ave local.

Em algumas épocas do ano ocorre um espetáculo na pirâmide. Durante os equinócios de primavera e de outono é possível ver a sombra de Kukulcán, o deus serpente dos maias, descendo do topo da pirâmide pelas escadas até a base. A luz do sol incide na fachada e reflete sete triângulos de luz que são projetados entre os degraus, formando o corpo de uma serpente que fica completa com a cabeça, feita de pedra, na base da pirâmide nos primeiros degraus.

Uma das construções mais importantes do sítio era o campo utilizado pelos maias para os jogos de pelota ou tlatchtli, um esporte no qual os participantes deviam correr por um enorme campo usando as mãos e os quadris para dominar a bola sem deixá-la cair. Nosso guia explicou que a bola era muito pesada e que deveria ser arremessada por um pequeno aro de pedra que ficava acima do chão. Em volta do enorme campo de 168 metros de comprimento por 70 de largura havia alguns desenhos e registros nas paredes de pedra que mostravam o "prêmio" destinado ao time perdedor: todos tinham as suas cabeças decapitadas.

Havia também o Templo de Los Guerreros, com enormes cabeças de serpentes feitas de pedra. E La Casa de Las Monjas, uma construção em formato de pirâmide com quartos, o que era um indício de ter sido a residência de alguém importante no local.

Fizemos uma visita ao famoso Cenote. Devido a formação do solo de Yucatán não havia rios ou lagos na região. A água doce ficava toda em rios subterrâneos e parte deles podia ser acessada pelos buracos resultantes dos colapsos das rochas, conhecidos como cenotes. Eram praticamente piscinas naturais em um buraco. Há pelo menos 2.400 cenotes catalogados em Yucatán

Cenote

(tome muito cuidado ao andar no mato à noite, você pode cair num buraco de 30 metros com uma piscina de 40 metros de profundidade!).

Chichén Itzá, a primeira maravilha do mundo moderno que visitei sozinho. Nunca imaginei que um dia pegaria um ônibus de Cancun para Yucatán para visitar a famosa pirâmide que havia visto em livros de história. Foi uma experiência e um aprendizado únicos. Observar toda a história de um povo tão interessante de tão perto é uma experiência realmente inesquecível. 🌏

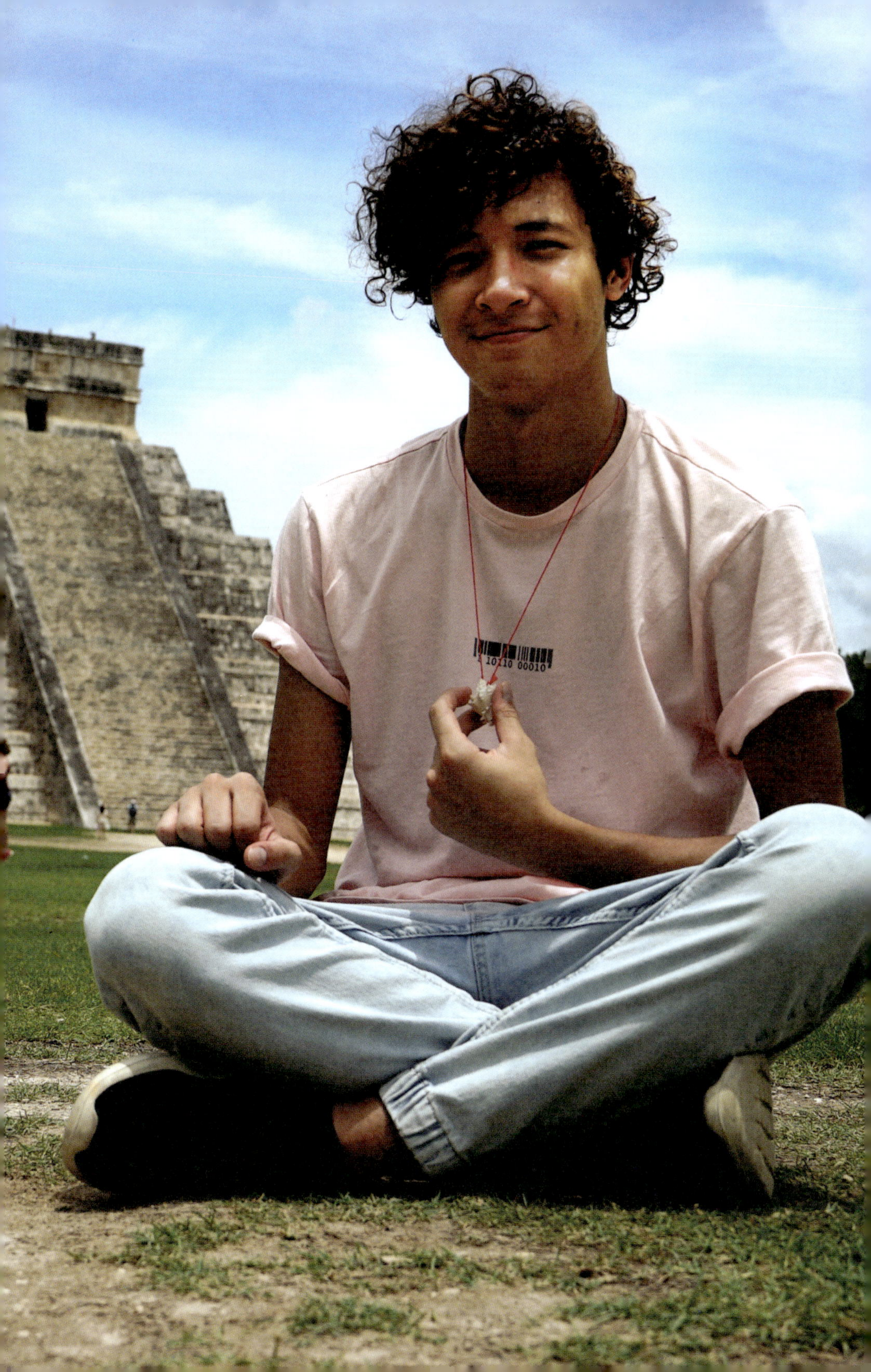

6 ▶Brasil

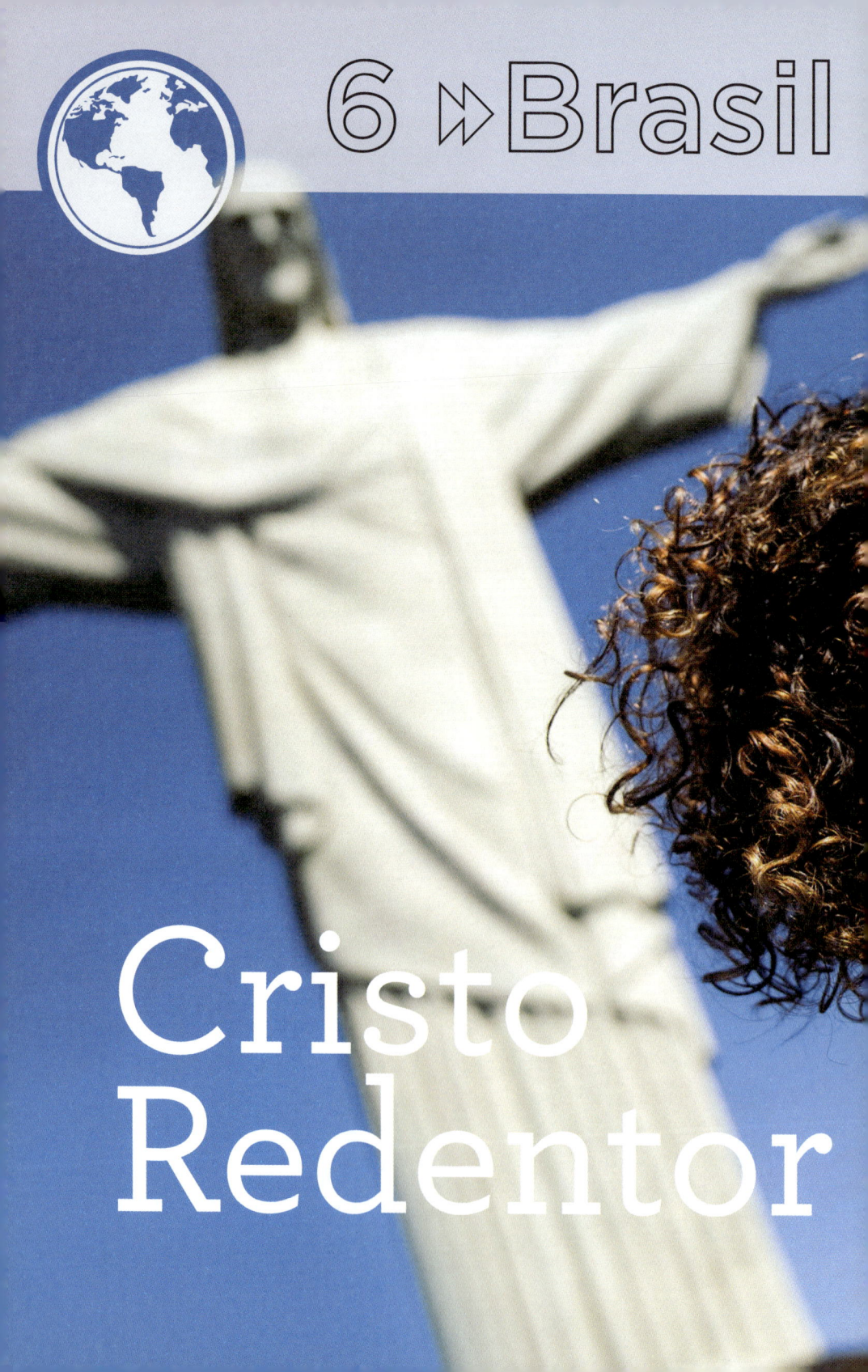

Cristo Redentor

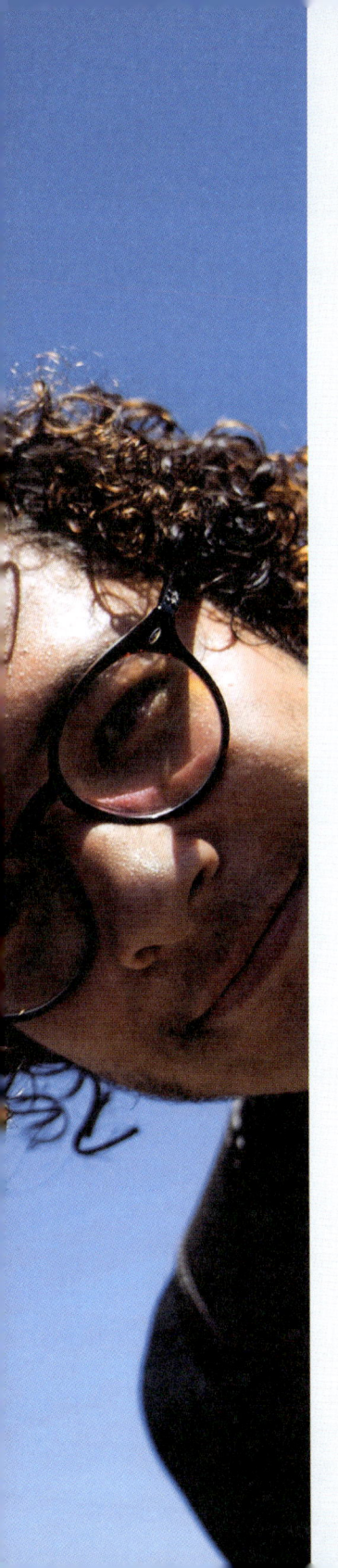

✈ **EU SOU BRASILEIRO.** Nasci em São Caetano do Sul, no ABC paulista, em 10/02/1996. Morei no Brasil durante toda a minha vida. Por muito tempo, as únicas referências que eu tive da vida em outros países foram o Brasil e os Estados Unidos, que conhecia apenas pelos programas de televisão. Em 2011, viajei para fora pela primeira vez, indo para Orlando, nos EUA. Conheci os parques, a cidade, o estilo de vida norte-americano, e voltei ao Brasil morrendo de vontade de me mudar para lá, pois com certeza era um país mil vezes melhor do que o meu.

Em 2017, tive a oportunidade de viajar para diversos lugares do mundo, mas senti que faltava conhecer um pouco mais do meu próprio país. Havia conhecido Londres, São Francisco, Manchester, Bangkok, Nova Délhi, Pequim, Xangai, Hong Kong, Los Angeles, Miami, Cancun, Cidade do México, Amã, Dubai, Cusco, Lima... Do Brasil, entretanto, eu só conhecia duas cidades: Natal e Curitiba. Por sorte, fui convidado pelo turismo de Foz do Iguaçu para conhecer a cidade. Fiquei muito empolgado, seria a oportunidade perfeita de conhecer um pouco mais do Brasil e explorar as Cataratas do Iguaçu, uma das 7 Maravilhas Naturais.

Pela primeira vez em muito tempo eu deixaria meu passaporte em casa descansando, não precisaria dele dessa vez. Foi bem divertido pegar um voo relativamente curto para o meu destino. De São Paulo até Foz levamos 1h40, fichinha para quem encarou trinta horas de voo até Pequim.

Estava acompanhado dos meus amigos Luana Lloyd, minha grande companheira de aventuras em Mont-Tremblant – só ela sabe como é sobreviver a -35º C descalço – e Caio Cesar, carinhosamente apelidado de Nurfs – um dia ele terá 40 minutos de atenção mundial para explicar o porquê do apelido.

▶▶ **Foz do Iguaçu**

Pousamos em Foz e na saída encontramos o Felipe e o Rodrigo, que iriam nos acompanhar na viagem e nos levar para os passeios mais bacanas. Entramos na van e seguimos em direção ao melhor hotel que poderíamos ficar, o Belmond Hotel das Cataratas, que fica dentro do Parque Nacional do Iguaçu, pertinho das quedas d'água. Eles nos disponibilizaram dois quartos por cinco dias. Fizemos um tour pelo hotel e almoçamos com o Lee, o *concierge* que virou nosso amigo.

Depois do almoço, resolvemos dar uma caminhada pelo Parque Nacional e descer a trilha até a Garganta do Diabo. A trilha contava com diversos quatis, animal parente do guaxinim, com um rabo bem alongado.

Ao nos aproximarmos das quedas d'água, as partículas tomavam conta da passarela. Ficamos todos ensopados, até parecia que estávamos debaixo de uma chuva forte.

Passeamos pelo parque e pelo hotel durante a tarde; à noite, fomos ao centro da cidade jantar em uma churrascaria. Do portão do parque até o hotel eram cerca de vinte minutos de estrada. O Rodrigo contou que certa vez alguns amigos dele passaram uma noite na estrada e depararam com a onça que vive no parque deitada no mato ao lado do acostamento.

O Parque Nacional do Iguaçu é uma unidade de conservação, uma área protegida. Além de estar localizado sobre o Aquífero Guarani, maior reserva de água subterrânea do mundo, o parque é considerado uma das últimas reservas florestais de Mata Atlântica e a maior reserva de floresta pluvial subtropical do mundo. É também o lar de muitas espécies de animais ameaçadas de extinção, como o jacaré de papo amarelo, a jacutinga, o gavião-real, o papagaio de peito roxo e a onça pintada.

Passaríamos por aquela estrada todas as noites. Todos tínhamos a expectativa de encontrar a famosa onça pintada. Lee comentou que alguns amigos já haviam deparado com a onça, o que é uma raridade, e que ela tinha dado à

Arara no parque das aves

luz um filhote recentemente. Ao passar pela estrada, sempre íamos com o farol do carro baixo, bem devagarinho.

Na volta do primeiro dia em que fomos jantar no centro da cidade, muitas viaturas da polícia passaram por nós no sentido oposto, o que nos causou estranhamento, pois estavam vindo do nosso hotel. Pensamos que tivesse acontecido algum problema por lá enquanto estivemos fora. Uma viatura nos parou e avisou que teríamos que esperar o comboio passar. O policial explicou que o Gilmar Mendes, ministro do Supremo Tribunal Federal, havia jantado no nosso hotel. Esperamos os dez veículos da escolta passarem e seguimos nosso caminho.

No dia seguinte acordamos bem cedo, tomamos o café e fomos fazer uma trilha conhecida como Trilha do Poço Preto. Pelo que nos disseram, é o caminho que os índios da região usavam para contornar as Cataratas do Iguaçu. O passeio de nove quilômetros pode ser percorrido de bicicleta, a pé ou de carro elétrico. Percorremos o trecho de bicicleta. Após o cansativo passeio pela mata, chegou a hora de apreciar o Rio Iguaçu, pelo qual navegamos num barco a motor. Apesar de o dia estar nublado e frio, optamos por sair do barco e pegar um caiaque.

Molhei toda a minha bunda, mas o local que iríamos depois me molharia ainda mais. Estávamos indo literalmente tomar um banho nas águas das Cataratas do Iguaçu.

Ah, o Passeio Macuco! Entramos na fila da atração e então descemos o morro até as margens do rio Iguaçu num elevador de ferro. Vestimos os coletes salva-vidas e esperamos pelo bote. Por sorte – ou azar –, o bote chegou e nos sentamos na primeira fileira. O bote vai no sentido das cataratas, muito rápido, cortando as ondas e pulando bastante, enfrentando muito vento. É muita adrenalina. O bote se aproximou aos poucos das quedas d'agua e foi adentrando através delas até a água cair em cima de todos, num banho gelado que nos acertava como uma "ducha" fortíssima. É muito emocionante poder tomar um banho nas cataratas.

Fomos ao Parque das Aves, um centro de recuperação e preservação animal. O parque contava com 1.320 aves, de 143 espécies diferentes espalhadas por seus 16,5 hectares de Mata Atlântica. Eu havia visitado o Sea World (especializado em vida marinha) e outros zoológicos, mas nunca havia visitado algo parecido com o Parque das Aves. Não era um passeio como outro qualquer. Fizemos o passeio *backstage*, um tour pelas áreas restritas e privilegiadas do parque, onde entramos em contato mais direto com as aves. Alimentamos os tucanos, os filhotes de flamingos e os corrupiões. Conhecemos os papagaios e ainda fizemos carinho na lagarta caligo, conhecida como borboleta-coruja.

No fim da experiência fomos a um jardim de borboletas e tivemos a oportunidade de interagir com uma linda arara.

Vista aérea das cataratas

Atravessamos a rua bem em frente ao Parque das Aves e chegamos ao heliponto, para fazer um voo panorâmico pelas cataratas. Eu nunca tinha voado de helicóptero em toda a minha vida. Estava muito ansioso e apreensivo. A impressão que tinha era de que o helicóptero fosse como um carro voador. Uma das minhas duvidas era: "Como ele levanta voo?". Eu imaginava que o helicóptero levantasse voo na vertical, isso até chegar minha vez.

    O helicóptero do tour anterior pousou no heliponto com as hélices ainda em funcionamento. Quando o grupo anterior desembarcou, nós entramos, e o helicóptero foi ganhando força e levantou voo para a frente, subindo bem aos poucos. A parte mais desconfortável no primeiro passeio são as curvas, mas aos poucos a gente se acostuma.

    Ver as cataratas de cima foi de tirar o fôlego. Durante o almoço, não conseguíamos parar de falar sobre o incrível passeio.

    Depois do almoço, seguimos para a Expedição Aguaray. Entramos no meio do mato e começamos com uma trilha de 1,4 quilômetros por dentro da Mata Atlântica, conhecida como Trilha do Índio, até a base do Rio Iguaçu. Ali tomei uma porrada de picadas... Mas, fora isso, também encontramos macacos, diversos pássaros e os famosos quatis.

    Descemos pela trilha até uma mini praia, onde pegamos caiaques e fomos remando até uma cachoeira próxima. Ali pude pela primeira vez subir o drone e fazer algumas belas imagens aéreas. Tomei um revigorante banho de cachoeira. Voltamos para a mata, por uma trilha diferente. O recomendado era utilizar tênis ou botas na trilha; o Nurfs (Caio), foi de chinelos. Durante o caminho eles estouraram diversas vezes (lembre-se, não vá de chinelo em trilhas!). Finalizamos o passeio apreciando o maravilhoso por do sol da Mata Atlântica.

Passamos o resto da noite passeando pelo centro da cidade. Rodrigo e Felipe estavam nos levando de volta para o hotel por volta de uma da manhã quando, ao chegar à porta do local, resolvemos dar uma passadinha rápida nas cataratas (os hóspedes tinham acesso a elas 24 horas por dia).

Descemos a pé metade da trilha, levando tripés e câmeras para tirar fotos noturnas das quedas d'agua. Resolvemos então avançar um pouco mais trilha adentro até o trecho final, onde era possível ver a Garganta do Diabo, em busca da foto perfeita. Estava tudo o maior breu, pois não havia iluminação alguma nem na trilha e nem próximo às cataratas. O único local iluminado era o hotel, um pontinho de luz distante àquela altura. Na madrugada, só se enxergavam as estrelas e as telas dos nossos celulares.

O clima estava ficando muito tenso. Num momento, enquanto descíamos a rampa no final da trilha, próximo a passarela d'água, o Felipe imitou um som de sirene que assustou todo mundo. Saí então correndo para descer, quando topei com um manequim ao lado de uma cadeira de rodas. Estávamos numa área de comércio de lembrancinhas na saída da trilha das cataratas. Havia lojas e um posto médico com uma cadeira de rodas à disposição, todos fechados. O manequim sem roupas deve ter sido esquecido por ali. Tomei o maior susto, e ainda achei que tivesse visto a sombra do manequim me encarando.

Fomos até a ponta da passarela e tivemos a melhor vista das cataratas. Ficamos lá por um tempo e pudemos tirar umas fotos bem legais. Na volta, mais tranquilos, enquanto fazíamos mais algumas fotos, a Luana avistou um farol de carro vindo a distância. Todos já ficaram assustados, e o carro veio se aproximando. Não sabíamos o que poderia ser. Um segurança? Um ladrão? Um sequestrador?

O carro chegou mais perto e conseguimos identificar a placa, que era do Paraguai. Nisso, decidimos correr para a van. Ao nos aproximarmos, as portas automáticas emperraram, impedindo sua abertura. E o carro desconhecido chegando cada vez mais perto, até estacionar ao nosso lado. Não era possível ver quem estava lá dentro. Aos poucos (fingindo a maior naturalidade), fomos entrando na van, um por um. Fechamos a porta, demos a volta na estrada e saímos. O cara do carro estranho nos seguiu, saiu, parou na frente do nosso carro e bateu no vidro do motorista. Eu pensei que fosse morrer ou, no mínimo, tomar uma baita de uma bronca.

Bom, era só um morador do Parque Iguaçu que saiu pra dar uma volta de madrugada (uma volta suspeita eu diria, mas tudo bem). Saímos de lá, voltamos ao hotel e depois rimos de toda aquela situação de tensão. Nunca me senti tão vivo!

Foz do Iguaçu é uma cidade que faz fronteira com o Paraguai e com a Argentina. Estava muito ansioso para fazer o passeio batizado por mim de "Café da manhã no Brasil, almoço no Paraguai e jantar na Argentina". Três países de uma só vez. Acordamos muito cedo nesse dia, pois ele seria longo!

▶▶ Café da manhã no Brasil

Seguimos pela estrada de Foz do Iguaçu, passando pela famosa Ponte da Amizade, que separa o Brasil do Paraguai. A ponte é estreita, contando com apenas duas faixas de carro, uma para ir e outra para voltar. Os carros dividem espaço com moto-táxis, caminhões transportando mercadorias e pessoas nas calçadas laterais indo e vindo cheias de sacolas. O Paraguai não é só um lugar para gastar dinheiro com muamba, há uma grande variedade de produtos de qualidade nas lojas.

Ciudad Del Este é a cidade fronteira entre Paraguai e Brasil. Chegando lá, passamos pela imigração e entregamos nossas identidades. Devidamente registrados, estávamos oficialmente no primeiro país do dia. Engraçado que, logo após atravessar a Ponte da Amizade, tudo já havia ficado diferente. As placas em espanhol, as pessoas. As estações de rádio todas confusas: rádios em português com músicas em espanhol, locutores falando em português e comerciais em espanhol.

Ciudad Del Este

O fuso horário do Paraguai tem uma hora a menos do que o do Brasil. As lojas abrem normalmente às 7h00 e fecham às 17h00, horário de Brasília. Chegamos na cidade bem cedo e já saímos para andar nas ruas. Para mim, andar de carro por dez minutos e parar num país diferente foi algo muito incomum. As ruas apinhadas de pessoas, diversos cambistas oferecendo preços atraentes no câmbio de moedas para o guarani.

Quem conhece a rua 25 de Março, em São Paulo, já estaria acostumado com tamanho vaivém de pessoas, lojas, gritos anunciando promoções, comidas de rua, fios e mais fios pelas ruas, barracas pelas calçadas. Eletrônicos, brinquedos, comidas, móveis e acessórios nas galerias e shoppings; vendedores ambulantes com seus letreiros enormes, muita cor, muita informação, muitos produtos e gente oferecendo um monte de coisas a todo momento. Coisas pelas quais, provavelmente, você não se interessaria. Ou talvez sim...

No fim das contas, comprei um *powerbank* de capacidade enorme para carregar as câmeras e o celular em caso de emergência. Os preços no Paraguai são realmente atrativos. Se procurar bem e comprar em lojas seguras, o bom negócio é garantido.

Hora do almoço no Paraguai. Após o passeio da manhã, fomos almoçar num restaurante chamado Despensita.

▶▶ Almoço no Paraguai

Eu nunca vou me esquecer daquela sopa de peixe, de tão maravilhosa que estava. O almoço no Paraguai foi incrível, acho que nunca almocei tão bem. Meu pé estava inchado, pois no dia anterior eu havia tomado uma picada de aranha na trilha. Meu tornozelo e pé incharam, e sempre que andava doía muito. Tive que parar numa farmácia e passar com um médico, que me receitou remédios para dor e uma pomada.

Voltamos ao Brasil depois de nossa breve visita ao Paraguai e fomos ao Marco das Três Fronteiras, um ponto estratégico de onde é possível ver a divisa entre os três países: Brasil, Argentina e Paraguai. O marco é composto

Almoço no Paraguai

por três estruturas, uma em cada país: Foz do Iguaçu, Ciudad Del Este e Puerto Iguazú, cada uma caracterizada pelas cores de seu respectivo país. Puerto Iguazú era a cidade argentina que conheceríamos em seguida. Novamente imigração, dessa vez entre Brasil e Argentina.

▶ **Jantar na Argentina**

Seguimos para o Bar de Gelo. Ao fazer o contorno na estrada, já em território argentino, deparamos com uma parada policial. Quando abrimos o vidro, os policiais pediram propina, uma caixinha para liberar a nossa passagem. Pagamos R$ 15,00 e eles nos deram um "passe" escrito à mão.

Por fora, o Bar de Gelo parece um bar convencional, mas lá dentro é dividido em três partes. A primeira é uma sala onde ficam as roupas e as luvas que devemos utilizar dentro do ambiente. A sala tem temperatura de 21º C, para começar a se acostumar. A segunda sala é onde recebemos as instruções de como funciona o bar; parece um freezer, com a temperatura mantida a 7º C. A terceira é o bar de gelo propriamente dito, onde a temperatura é de -10º C! A permanência no bar é limitada a trinta minutos. Tocam diversas músicas, há esculturas de gelo, um sofá de gelo, luzes de festa e todas as bebidas incluídas, no esquema *open bar*. Até os copos são feitos de gelo. E os drinks são uma delícia. Antes do jantar, fomos ao centro da cidade, onde encontramos uma feira popular de rua, com comidas regionais e barris com vários alimentos em conserva.

Jantar argentino

Hora de completar a última etapa da missão. Nos dirigimos ao Argentina Experience, onde tivemos uma aula de culinária argentina. Aprendemos a degustar e preparar drinks com vinho, preparamos nossas próprias empanadas bem recheadas e nos deliciamos com o famoso bife de lomo (foi o bife mais macio que já comi, num nível similar ao kobe beef).

▶▶ Itaipu

O dia seguinte foi praticamente todo dedicado a conhecer a Usina de Itaipu. Fomos convidados a realizar o Circuito Especial, um percurso no coração da usina, que mostra a história e surpreende pela modernidade e o tamanho grandioso dos equipamentos. É por dentro que a gente pode ver o negócio realmente acontecendo.

Entramos em um carro elétrico (nunca tinha andado em um, é extremamente silencioso) e fomos direto ao mirante central. Ali pudemos ver as vinte unidades geradoras, aqueles tubos gigantes pelos quais a água passa com muita força. Então seguimos para o interior da Usina de Itaipu.

BARRAGEM
Altura: 196 metros
Comprimento total: 7.919 metros[1]

---

[1] Estas e outras informações podem ser conferidas em itaipu.gov.

Com vinte unidades geradoras e 14.000 MW de potência instalada, Itaipu fornece cerca de 17% da energia consumida no Brasil e 76% do consumo paraguaio.

É a maior geradora de energia limpa e renovável do planeta, tendo produzido mais de 2,4 bilhões de MWh desde o início de sua operação até o final do ano de 2016.

Visitamos a sala de comando central da usina, onde havia técnicos do Brasil e do Paraguai. Bem no meio da sala havia uma linha de fronteira entre os dois países. Vimos os antigos controles analógicos, que hoje funcionam como backup para os controles digitais.

Adentramos mais a usina, para visitar as turbinas. Visualizamos os geradores enormes por cima e então pegamos um elevador para entrar em um. O elevador era bem esquisito, pois não marcava os andares como os elevadores convencionais. A medida era feita pela altitude em relação ao nível do mar.

Descemos até o subterrâneo, onde entramos no eixo de uma turbina em funcionamento. Ficamos lá dentro por pouco tempo, devido ao calor e barulho excessivos, mas foi o suficiente para ficarmos impressionados com a grandiosidade da usina. Cada conduto tinha capacidade de bombear 700 metros cúbicos de água por segundo, equivalente a vazão média das cataratas. Foi incrível ver a união da força da natureza à inteligência do homem de uma maneira tão grandiosa.

Lá pelo fim da tarde fomos convidados para um passeio de última hora: um jantar com a tribo na aldeia indígena guarani. Encontramos o grupo que iria nos levar até lá, pegamos algumas lanternas e descemos pela trilha à noite na mata. Cerca de vinte minutos depois, desviando de animais, de teias de aranha e mosquitos, chegamos a uma clareira com uma fogueira no centro, onde fomos recebidos pelos guaranis, que fizeram uma celebração com muita dança em volta da fogueira.

Participamos do Cerimonial do Tabaco e depois nos apresentamos, sentando-nos ao redor da fogueira. A reunião era comandada pelos guaranis, de acordo com o que os membros da aldeia estavam sentindo, em sintonia com o grupo. No local não eram permitidos celulares nem fotografias; estávamos ali participando como convidados na reunião da aldeia. Uma imersão naquela cultura em plena Mata Atlântica. Eles contaram histórias, dançaram, cantaram, e, no final, nos ofereceram um jantar preparado por eles. Bolinho de farinha de milho, peixe assado no fogo, milho cozido e batata doce. De sobremesa, um biju, doce guarani com um favo de mel. Estar com os indígenas foi uma experiência incrível, um contato real, imersivo e sincero com um povo que há milhares de anos já habitava o Brasil e constitui parte fundamental de nossa identidade.

Na nossa última noite em Foz ficamos conversando sobre as experiências que tivemos. Quando estávamos na estrada, vimos dois pontos brancos no meio do mato, pareciam dois olhos reluzentes. Baixamos o farol do carro e fomos nos aproximando aos poucos. Eram onças! E não apenas uma, mas duas. A mamãe e seu filhote estavam deitadas no mato, próximas à estrada. Chegamos muito perto, elas não pareceram se incomodar com a nossa presença.

Àquela altura, eu já não tinha qualquer esperança de encontrar onças. Os próprios moradores locais diziam que era algo muito raro, mesmo entre eles. Tiramos a sorte grande, e ainda pudemos registrar tudo. Depois de nós, vários carros que passavam pela estrada também pararam para admirar aquele momento, a mãe e filha onças brincando na nossa frente, livres na natureza. Foi o desfecho perfeito de uma viagem incrível pelo Brasil.

▶▶ Enfim, o Rio de Janeiro

Hora de partir. Arrumamos as nossas malas e o Felipe e o Rodrigo nos deixaram no aeroporto de Foz do Iguaçu. Seguimos apenas Nurfs e eu para o Rio de Janeiro; a Luana teve que ir para São Paulo. Um voo de 1h40, com algumas turbulências. Passei todo o tempo do voo jogando *Quem quer ser um milionário* na tela da poltrona. Meu recorde foi ganhar meio milhão de dólares... Se fosse uma viagem de umas três horas, eu teria conseguido ganhar o milhão!

Chegando ao Rio, fomos direto para a praia de Ipanema a pé para ver o por do sol. Já estive no Rio algumas vezes, mas sempre num esquema bate e volta rápido: aeroporto, trânsito até o local de trabalho e trânsito para o aeroporto de novo. Não tive a oportunidade, em nenhuma das outras vezes, de pôr os pés na areia das praias do Rio, conhecer e sentir o lugar.

Dessa vez, estava na Cidade Maravilhosa para conhecê-la direito. Muitas pessoas pararam para admirar o por do sol; havia diversas delas pela praia, nas vendinhas de rua, nos quiosques de água de coco, nas barraquinhas de pipoca. O Rio de Janeiro continuava lindo!

Fomos tomar uma cerveja em um bar próximo a praia. A cidade tinha um clima quente, daqueles que dá vontade de sair pelas ruas à noite e conhecer os diversos lugares, ou simplesmente sentar em uma calçada perto da praia e apenas observar a vida acontecer.

Caminhando à noite, víamos os televisores dos estabelecimentos todos sintonizados no mesmo canal. Estavam noticiando a guerra na Rocinha.

A situação no Rio não estava boa:

"Tiroteio entre traficantes da Rocinha coloca Rio de Janeiro em alerta."
"Na Rocinha, parte do comércio fecha e relatos indicam novo tiroteio."
"Militares chegam à Rocinha para cerco à favela."

Podia sentir o clima tenso na cidade. As rotas de tráfego de veículos foram alteradas, assim como os horários de alguns estabelecimentos. Os táxis não aceitavam corridas para localidades que julgassem perigosas. À medida que o tempo passava, chegavam mais e mais notícias atualizando sobre a situação. As pessoas só conversavam sobre isso nos quiosques e restaurantes.

No dia seguinte iríamos finalmente visitar o Cristo Redentor. Mandamos energias positivas aos moradores da Rocinha e esperamos pelo melhor.

O trânsito no Rio é uma caixinha de surpresas. Já aconteceu de me dizerem que o trajeto demoraria 30 minutos; demorou 1h30. E também já aconteceu de estimarem 1h30 e levar 30 minutos. Liguei no trem do Corcovado e reservei passagens para o primeiro horário do Cristo Redentor. Acordei às 6h00 e saímos às 7h00. A estimativa de tempo do percurso era de 30 minutos de carro, de acordo com o mapa. Às 8h30, ainda estávamos no trânsito, sendo que nosso trem partiria às 8h00. Chegamos às 9h00 na estação. Conversamos com a atendente do guichê, e ela nos deixou embarcar no trem seguinte. Eu queria muito ser o primeiro a chegar ao Cristo naquele dia, mas tudo bem, quem sabe na próxima.

Sentamos na locomotiva elétrica que atravessava a Mata Atlântica preservada do Parque Nacional da Tijuca e subimos por cerca de vinte minutos.

Enquanto subia, pensei no quão cômico era o fato de o Cristo Redentor ser a sexta maravilha do mundo moderno que eu visitaria. Da minha casa até a estátua são 455 quilômetros. Cinquenta minutos de avião, cinco horas de carro. O Cristo poderia ter sido a primeira, mas as ocasiões não permitiram que isso acontecesse. Teria sido muito fácil também, né? Para mim, o legal da jornada é começar pelo mais difícil. Visitar os outros monumentos antes do Cristo só serviu para aumentar minha expectativa de visitar a maravilha que pertence ao meu país!

Ao descer do trem, subimos alguns lances de escada e a primeira visão que tive foi o Cristo de costas, e dali já pude ter uma vista incrível da cidade. O Cristo Redentor é dono da vista mais bonita da cidade do Rio.

Ponto turístico dos mais visitados do Brasil, a estátua foi inaugurada em 12 de outubro de 1931. Feita de concreto armado e pedra-sabão, é a maior escultura no estilo *art-deco* em todo o mundo. Situada a 710 metros acima do nível do mar, tem altura total de 38 metros, o equivalente a um prédio de 14 ou 15 andares, e pesa 653 toneladas. Leva em seu peito um coração que mede 130 centímetros.

Locomotiva elétrica rumo ao Cristo

Por muito tempo me perguntei "Por que o Cristo Redentor?" O que tem de mais numa estátua de Jesus Cristo em cima de uma montanha? À medida que fui visitando as outras maravilhas e conhecendo um pouco mais a história por trás de cada uma delas, a beleza na construção, o desafio arquitetônico, passei aos poucos a compreender o porquê. Desde que pisei no Rio de Janeiro, olhava para ele de qualquer lugar que eu estivesse. Tentava vê-lo na calçada da praia, pela janela do hotel. Estava hipnotizado. Era simplesmente incrível. Uma estátua gigantesca, no topo do morro, com a melhor vista para a Cidade Maravilhosa. Simplesmente de tirar o fôlego.

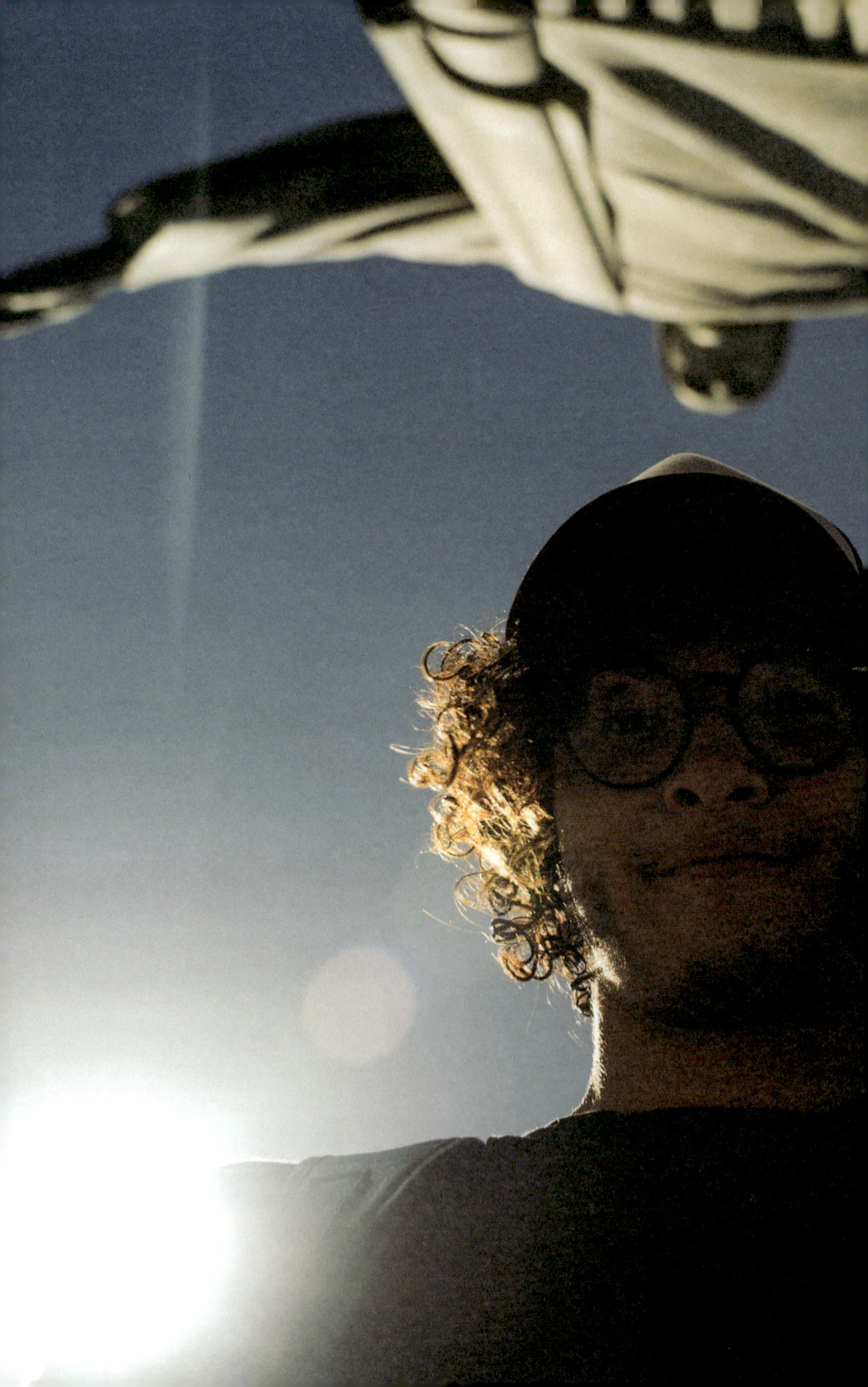

Ainda tivemos a oportunidade de andar de helicóptero mais uma vez e ver o Cristo de novo, sob uma perspectiva diferente. A mesma empresa que havia nos levado para o passeio pelas cataratas nos cedeu um passeio de helicóptero pelo Rio de Janeiro. Foi uma experiência incrível.

Recentemente viajei muito, para praticamente todos os cantos do mundo. Quando estava inserido na bolha de viver no Brasil, sem ter nenhum outro país como referência, nenhuma outra cultura, apenas pela televisão, acabava caindo no pensamento comum: "O Brasil é um saco". Mas não, não é, totalmente pelo contrário. O Brasil é um país incrível! Comecei a notar isso quando senti saudade de coisas simples no nosso país: do nosso povo querido, da melhor comida do mundo, mineira, baiana, da roça, paulista e de tantas outras regiões. Eu contava os dias pra voltar pra casa, reencontrar meus amigos, tomar aquele café da manhã, pão de queijo com doce de leite, aquele café que só a gente tem.

Quando um gringo me pergunta de onde eu sou e eu respondo "Brasil!", escuto sempre um "WOW! BRAZIL!" acompanhado de um largo sorriso. Aonde quer que eu vá.

Não estou dizendo que o Brasil é um país perfeito... Mas, quer saber a verdade? Nenhum país é, todos têm problemas semelhantes. É verdade, vivemos hoje em meio a muitas dificuldades, mas quando penso nas coisas boas que temos no nosso país, chego à conclusão de que são maiores do que qualquer aspecto negativo. O Brasil é um país incrível. Dias ensolarados virão, e nós vamos conseguir dar a volta por cima! 🌐

7 »Itália

Coliseu

✈ Viajei muito de avião nos últimos meses. Apesar de gostar de passar um tempo sozinho, confesso que a ideia de ficar por horas no ar a onze mil metros de altura me assustava um pouco, mas busquei tirar proveito disso, relaxar e curtir ao máximo, afinal, faz parte do processo de viajar. Antes de ir para a Europa, estava com uma sensação péssima. Era outubro de 2017, e fazia um mês que eu havia conhecido o Cristo Redentor. Minha agenda estava conturbada, e dessa vez iria para Europa com meu amigo Lucas Olioti (internacionalmente conhecido como T3ddy), que pediu para ir comigo ao Coliseu e me acompanhar no capítulo final dessa jornada, que havia iniciado lá em Machu Picchu. A mesma coisa aconteceu com o Nurfs, que disse na época: "Quando chegar a hora de ir para o Cristo, me chama, que eu quero ir junto".

No entanto, minha agenda não estava batendo com a do Lucas. Sentamos algumas vezes para definir as datas da viagem e quais países iríamos visitar e em quais dias. Até que compramos as passagens. Dois dias antes de embarcar, tivemos um imprevisto que nos obrigou a trocar a data das passagens. Adiamos para a semana seguinte. Na semana seguinte, outro imprevisto, e trocamos as passagens novamente. Essa viagem estava difícil de desenrolar. Cogitamos até mesmo desistir e, na pior das hipóteses, perder os bilhetes.

Nessa onda de adiamentos, tive uma crise de ansiedade. Estava tão próximo de completar a jornada, só faltava uma, mas aparentemente as circunstâncias não permitiam que seguíssemos em frente. Até chegou a passar pela minha cabeça que os adiamentos fossem algum tipo de proteção. Se não fosse pra acontecer, não iria acontecer, de nada adiantaria forçar. Talvez as passagens estivessem mudando para que não pegássemos determinado voo em determinada data, foi o que pensei. Confesso que estava com medo de voar dessa vez.

Li alguns livros que pudessem me ajudar a tomar as rédeas dos pensamentos e emoções que estivessem me impedindo de vivenciar e seguir os meus objetivos. Realmente, a opção de cancelar a viagem era uma das mais consideradas por mim. Mesmo quando conseguimos definir a data da viagem, à medida que o dia ia chegando, eu torcia cada vez mais para que adiássemos de novo. Mas chegou num ponto em que eu percebi que dessa vez iria rolar. Eu teria que superar o medo, só eu seria capaz de vencer meus próprios pensamentos.

Finalmente chegou o dia, e nos dirigimos ao aeroporto. Eu tinha escolhido o assento da janela esquerda, mas fui informado no check-in de que tínhamos sido realocados para um assento com maior espaço para as pernas. *Uhull, tiramos a sorte grande!*, pensei. No entanto, ao entrar no avião, vi que o assento ficava bem no meio da aeronave, na primeira fileira do setor do fundo, com uma parede na frente. Sem visão alguma, longe das janelas, bem em cima das asas. As duas únicas janelas que conseguia olhar tinham aquelas duas asas gigantes atrapalhando a visão.

Foram terríveis onze horas noturnas acordado, de olhos grudados na tela acoplada ao assento, que mostra a rota no mapa, a altitude e o tempo restante. Parece bobo, mas foi real. Meus pés gelados e a mão suando.

Quando chegamos em Londres, o piloto abriu o som do microfone e avisou que o aeroporto estava cheio. Ainda teríamos que enrolar por mais uns vinte minutos. E lá ficamos nós, rodando em círculos por cima da cidade. Quando finalmente recebemos permissão para pousar, a ficha começou a cair. Não acreditava naquele momento, até ele acontecer. Abri um sorrisão de orelha a orelha e pensei: *Pois é, deu tudo certo. Era só um medo bobo.*

Nossa mente nos prega peças e cria medos. Precisamos discernir quando o medo é positivo e nos serve como um mecanismo de proteção, e quando ele é negativo, trazendo consigo ansiedade, insegurança, raiva e outras coisas que nos tiram o equilíbrio e nos impedem de evoluir. O medo é um mau hábito, por meio do qual aplicamos energia de maneira errada. É preciso diferenciar os problemas e receios reais daqueles imaginários. A maioria dos medos é fruto da imaginação. Quando o avião pousou, percebi que aquele medo bobo só me atrapalharia de evoluir e perseguir meus objetivos, e que se eu o enfrentasse, certamente o venceria.

▶▶ Sem lenço e sem documento em Londres

E lá estávamos nós em Londres, mas dessa vez sem lugar pra ficar. De verdade. A Luana (que foi comigo para Foz do Iguaçu) e eu havíamos passado as duas semanas anteriores à viagem procurando hotéis que pudessem nos acomodar, como aconteceu em Cancun. Mas, veja bem, a magia nem sempre acontece... Enviamos alguns e-mails, e as respostas estavam demorando demais. Porém, voamos para Londres mesmo assim. Pensávamos que, quando chegássemos, os hotéis já teriam respondido.

Mas não foi bem assim que aconteceu. O fato é que brincamos com a sorte. Pousamos em Londres numa segunda-feira de manhã; os hotéis trabalham aos fins de semana, mas os responsáveis pelos e-mails, não.

O que eu iria falar na imigração? Eles sempre perguntam em que local você vai ficar durante a estadia. Eu não tinha um local. A fila estava gigante, e nesse tempo consegui um Wi-Fi para pesquisar alguns lugares.

Em Londres tudo é muito caro, o real convertido para a libra não vale muito. Procuramos casas para alugar, hotéis... Porém, de última hora não conseguíamos achar nada disponível.

Quando estava chegando nossa vez na imigração, um segurança passou na fila e perguntou se havia alguém que falasse português e inglês fluentes para ajudar uma senhora na entrevista. Eu fui ajudá-la. A senhora estava com dificuldades de se comunicar com o oficial, que queria verificar sua passagem de retorno. Ele então perguntou quanto tempo ela ficaria na Inglaterra. Seriam trinta dias, para visitar o filho que não via havia oito anos.

Consegui ajudar a senhora; o oficial, então, disse que eu poderia passar pela imigração logo depois dela. Chamei o Lucas, e o oficial agradeceu a minha ajuda, carimbou nossos passaportes sem fazer uma pergunta sequer, e daí estávamos oficialmente na Inglaterra.

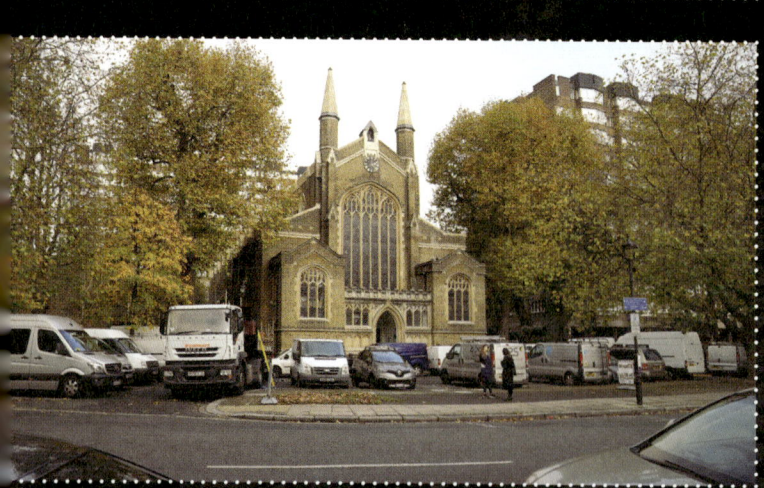

1. Ônibus de dois andares na Tower Bridge de Londres; 2. O Palácio de Buckingham; 3. Catedral de Londres

A ideia da viagem era passar quatro dias em Londres, cinco em Roma e outros cinco em Paris para conhecer melhor essas cidades com nosso orçamento minguado. Encontrei um quarto que se encaixava nele. O quarto era um container de 10 metros quadrados, paredes de ferro e um banheiro minúsculo como o de um avião. Estava ótimo. Fazia 7º C em Londres; as paredes de ferro não eram muito eficientes em reter o calor, e o quarto era bem frio. Então, tínhamos que ficar com roupas da rua, corta-ventos e jaquetas dentro do quarto, que era o mais barato da cidade, ao lado do metrô Paddington, em uma rua bem arborizada.

A primeira coisa que fiz foi sair pelas ruas de Londres a pé e comer o *fish 'n chips* de que eu gosto tanto e estava morrendo de saudade. O melhor *fish 'n chips* que já havia comido na vida tinha sido num lugar em Manchester, em frente ao estádio do Manchester United (o Old Trafford, fica a dica), na minha última visita à Inglaterra. Me dirigi ao meu pub londrino favorito, próximo a Tower Bridge. O prato servido é muito simples, nada mais que um peixe empanado acompanhado de batatas fritas e ervilhas em alguns lugares.

Das outras vezes que visitei a Inglaterra, não tive oportunidade de ir ao Palácio de

Buckingham, então aproveitei para conhecê-lo de perto.

Fizemos a maioria dos trajetos a pé e de metrô. Vale muito a pena andar de metrô, são diversas linhas diferentes que vão para diversos lugares. A malha do metrô londrino conta com 402 quilômetros de extensão. O Underground é o metrô mais antigo do mundo. Para fazer baldeação ou trocar de linha é preciso, na maior parte das estações, passar por um labirinto de escadas e corredores subterrâneos. Londres possui a quarta maior rede de metrô do mundo, perdendo para Seul, Xangai e Pequim (bom, andei em três das quatro maiores redes de metrô do mundo).

Londres é uma das minhas cidades favoritas. O charme das cabines telefônicas, os ônibus de dois andares, os táxis... É uma cidade realmente encantadora.

▶▶ Bonjour, Paris!

Consegui passagens por um preço muito em conta para ir à França (de voos *low cost*). Após cinco dias em Londres, estávamos indo para Paris! Achei que seria muito complicado me comunicar por lá, pois ouvi histórias de que os franceses não gostam de falar inglês.

Chegamos relativamente cedo no aeroporto e já fomos para a fila do check-in. Mostrei minha reserva para a atendente, que pesquisou, pesquisou, olhou num computador, depois em outro... Parecia que algo

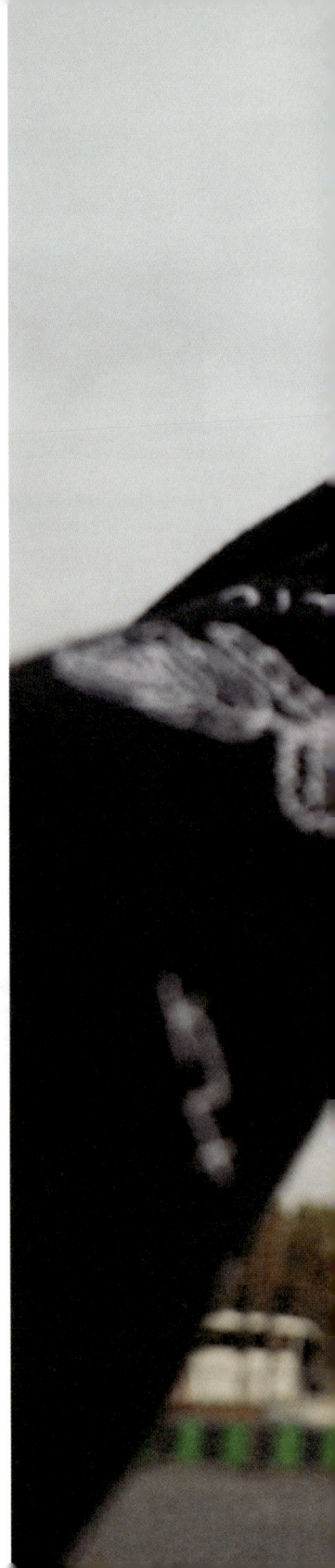

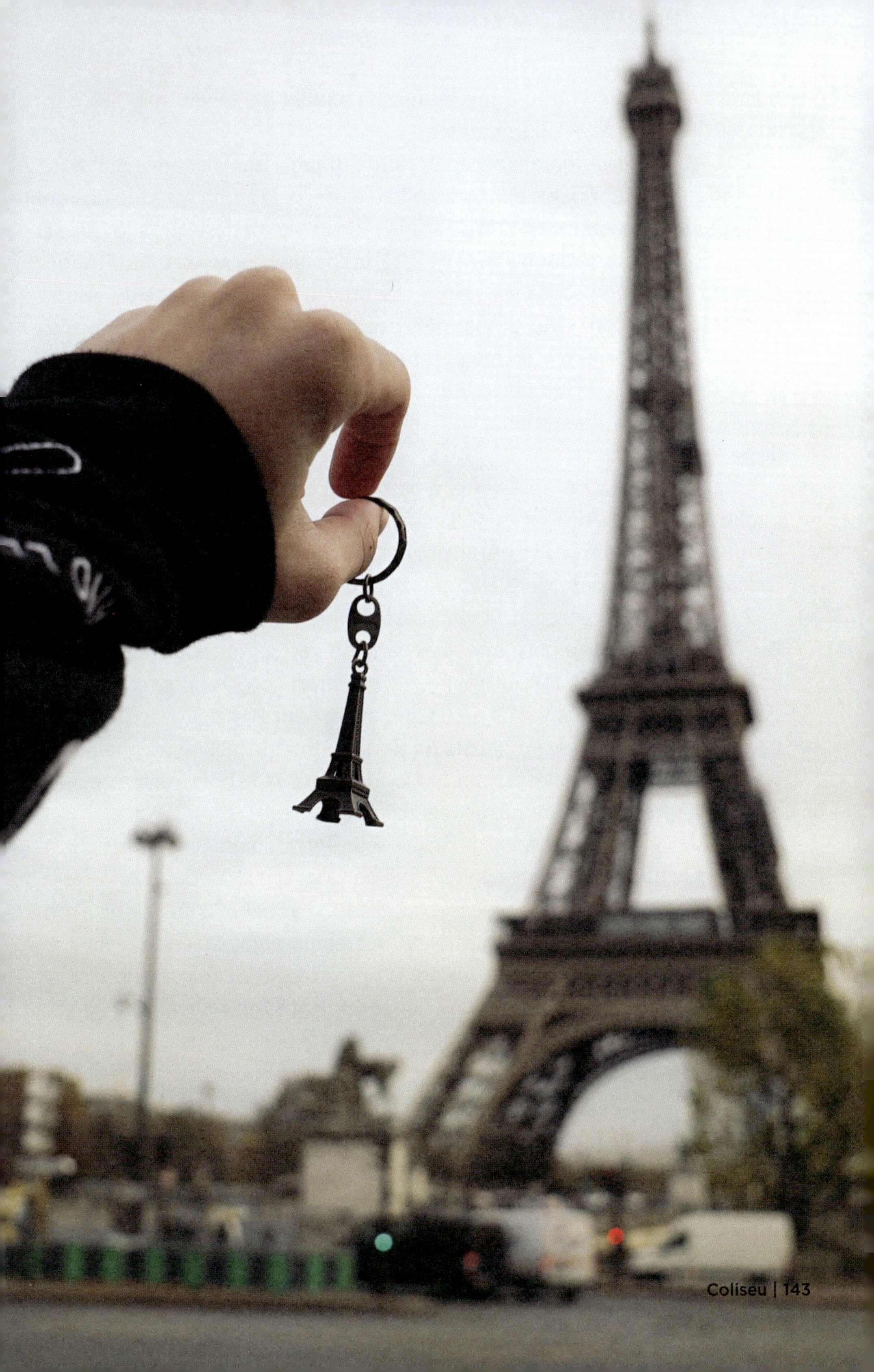

estava errado. Ela voltou e me falou que aquela passagem não era para aquele dia, mas para dali um mês!

Pois é... No descuido, acabei comprando uma passagem com o dia certo, mas no mês errado, o que explicava o baixo preço. Já tinha passado por um sufoco parecido em Hong Kong. Estava tão eufórico e desesperado que saí do check-in e fui correndo para o guichê da companhia aérea tentar mudar a passagem. O voo sairia em trinta minutos, e eu teria menos de quinze para resolver a confusão, passar pela segurança e embarcar. No caminho, o Lucas ficou o tempo todo me perguntando o que havia acontecido e por que eu estava correndo tanto. Bom, disse a ele que teríamos que pesar a mala (gigantesca) dele, pois os voos *low cost* cobram taxa extra por excesso de bagagem.

Cheguei ao guichê, apresentei a passagem e me informei sobre nossas opções. O coitado do Lucas não estava entendendo nada do que estava acontecendo; preferi não contar pra ele até que conseguisse resolver a situação, pois duas pessoas preocupadas não ajudariam em nada.

Alterar as passagens sairia mais caro do que comprar passagens novas! Então, fui ao guichê e perguntei o horário do voo seguinte. Seria dali uma hora. Abri meu notebook, entrei no site e comprei novos bilhetes. Por sorte, havia dois assentos vagos no último avião para Paris. Se não fôssemos ligeiros, só poderíamos embarcar no dia seguinte. Infelizmente, meu descuido me custou duas passagens. Mas, vendo pelo lado bom, foi muito mais barato do que um mês de hospedagem em Londres!

Guardei os tickets errados de recordação. Passado um mês, ainda continuei recebendo notificações do voo que perdi...

Depois de resolvida a situação, contei ao Lucas sobre o que tinha acontecido. Ele disse que realmente tinha percebido algo estranho, pois normalmente, quando está tudo certo, não é preciso ficar correndo pelos corredores do aeroporto feito dois loucos. Ele até achou bom que eu não tivesse contado. Pepino solucionado, embarcamos para Paris.

Graças a Deus, conseguimos parceria com um hotel muito bacana, bem no centro da cidade. Dessa vez não precisaríamos gastar com hospedagem pelos próximos quatro dias.

Eu estava muito ansioso para conhecer a Cidade Luz. Sabia muitas curiosidades como "A capital da França tem o maior número de melhores restaurantes do mundo" e "Paris é a cidade mais visitada do mundo". Era hora de comprovar!

A primeira coisa que comemos foi um crepe, que pedimos por meio de um aplicativo de delivery. Crepes escorridos e amassados pelo entregador, que foi de bicicleta e tomou o maior tombo no caminho. Mas, mesmo assim, estavam deliciosos.

Pela manhã, saímos bem cedo em busca de uma loja para comprar cachecóis e blusas, pois fazia um frio de lascar. Andamos mais de treze quilômetros nesse dia, passando por diversos pontos turísticos como o Palais Garnier. Em seguida, pelo Museu Louvre e seus quintais. Atravessamos o Rio Sena pela Ponte dos Cadeados até chegar à famosa Torre Eiffel.

A Torre Eiffel era bem maior do que eu imaginava. Ouvi alguns boatos por lá de que ela se expande no verão e se retrai no inverno. Alguns físicos acreditam que o ferro se dilata no calor, fazendo com que a torre aumente de tamanho cerca de quinze centímetros. São trezentos metros de altura, e lá no topo há um quarto secreto. Imagina só que legal deve ser passar um dia hospedado num quarto no topo da Torre Eiffel! Embaixo dela há também um *bunker* secreto que servia de refúgio contra bombardeios durante a Primeira Guerra.

Torre Eiffel, o símbolo máximo da Cidade Luz

A Torre Eiffel chama muito a atenção e hipnotiza de qualquer lugar onde seja possível avistá-la. Em seus arredores, vários vendedores ambulantes vendem réplicas e chaveiros. Comprei vários para levar de presente pros amigos e pra família. Sempre que viajo trago um chaveiro de cada lugar. Consegui uma pechincha: vinte chaveiros por 3 euros!

1. Arco do Triunfo; 2. Ponte dos Cadeados; 3. Roda Gigante de Paris

A verdade é que a Torre seria demolida e vendida como sucata em 1909, mas acabou sendo reaproveitada, servindo como antena de rádio gigante. Quando estive em Macau, em um dos hotéis cassinos, pude visitar uma réplica gigantesca da torre, que me deixou impressionado. Quando me disseram que a de Paris era ainda maior, não acreditei que fosse possível, e fiquei com ainda mais vontade de conhecê-la.

Após um dia inteiro andando pela cidade, demos uma volta na margem do Rio Sena e acabamos em frente a um cinema. No cartaz havia algumas estreias hollywoodianas, mas optamos por assistir a um filme francês. Pegamos a fila e resolvemos escolher o filme que começasse primeiro. Comprei pipoca e refrigerante e fui pra sala.

Lá dentro havia cinco pessoas além de nós. Assistimos ao filme falado em francês, tentando entender o máximo possível da história. Era uma comédia chamada *Le sens de la fête* ("O significado da festa", em tradução livre). Era sobre um organizador de eventos veterano, que precisava realizar um casamento e esperava que tudo acontecesse como o planejado. Obviamente, tudo saiu do controle. Foi um filme que me divertiu muito, mesmo entendendo pouco do francês; foi uma experiência bem bacana.

Paris é uma cidade elegante, moderna e histórica. Seus monumentos, museus e lojas são deslumbrantes. Os balés, o sotaque, o requinte, os cafés, as comidas. *Merveilleux*!

Depois de visitar a França e seus encantos – e de comer bem demais –, estava na hora de finalmente ir para a Itália! Em Roma, casa do grandioso Coliseu!

▶ Roma

No aeroporto de Roma senti um aroma muito gostoso, um perfume peculiar. O motorista do Uber que pegamos exalava o mesmo cheiro. Posso dizer que era um aroma bem italiano.

A primeira coisa que fizemos ao chegar foi sair por aí a pé e já explorar as ruas e vielas de Roma! Visitar aquele lugar era um dos meus maiores sonhos.

Fomos até a sede do turismo, onde nos forneceram o Roma Pass, um cartão que permite acesso às atrações da cidade com menos filas, servindo também como bilhete de metrô. A moça que nos atendeu também exalava aquele mesmo perfume. Caramba, deve ser bem popular por lá!

Pedimos à moça uma dica de um restaurante bom naquela região. Estava ávido para experimentar as comidas italianas na própria Itália. Macarrão, lasanha, nhoque, pizza! Ela nos recomendou um restaurante chamado MOMA, que era, inclusive estrelado pela Michelin. Infelizmente, o lugar estava fechado: ainda eram 17h47, e os restaurantes só abririam a partir das 19h30.

Seguimos em direção a uma hamburgueria, até que no caminho avistamos um restaurante que estava abrindo, não tinha chegado nenhum cliente ainda. Apesar de o cardápio estar todo escrito em italiano, conseguimos entender de boa. Eu escolhi uma macarronada com molho vermelho e bacon; o Lucas ficou com uma pizza quatro queijos.

Confesso que estava um pouco tenso quanto a qualidade dos pratos... E se a pizza fosse ruim? E se a macarronada não fosse tudo aquilo que eu

Primeiro jantar na Itália

estava esperando? Será que a comida italiana na própria Itália seria realmente boa? Os pratos chegaram, experimentei. A ideia seria dar uma garfada, tirar uma foto (para o livro, né?) e terminar de comer. Mas acabei me esquecendo de fotografar... porque a comida estava MUITO BOA! O melhor macarrão que comi na vida, *al dente*, molho de tomate fresquinho com aquele sabor salgadinho do bacon dando um toque especial (estou com água na boca enquanto escrevo só de lembrar). A pizza quatro queijos também estava divina, mas não foi a melhor que experimentei naquele país (nunca comi tanta pizza num espaço de tempo tão curto).

Às 20h00 eu já estava na cama, me preparando para dormir. Não havia dormido

> Mauro vc tá bem???
>
> Onde você ta?
>
> Assim que vc tiver aí me liga... Estamos preocupados!!! 😢😢😢

direito em nenhuma das outras noites. Estava com cansaço acumulado, somado ao *jetlag* do fuso horário. Não desfiz as malas nem arrumei a cama. Cheguei do jantar e capotei. Dormi por dez horas, das 20:00 às 6h00. Ao acordar, notei que meu celular tinha dezenas de notificações de ligações perdidas. Corri ver o que era, uma verdadeira comoção: mensagens no WhatsApp e em todas as redes sociais, e-mails.

Demorou pra cair a ficha sobre o que estava acontecendo. A verdade é que me esqueci de avisar que já estava em Roma. Chegamos lá por volta das 16h00 e fui dormir lá pelas 20h00. Em São Paulo eram 18h00. Fui dormir e sumi por dez horas. Meus familiares ligaram para o hotel em que estávamos e perguntaram se tínhamos feito check-in, e o *concierge* respondeu que não. Nesse momento, todos acharam que tínhamos sumido ou coisa pior. Aí então começou a maior agitação: ligaram para o consulado italiano no Brasil e para o consulado brasileiro na Itália. Isso ao longo de toda a madrugada, e eu lá de boa, colocando o sono em dia. Moral da história: sempre que você estiver viajando para um lugar muito longe, pelo menos avise que você chegou e que está tudo bem, senão sua família fica maluca!

▶ Vaticano

Eu já conhecia os passeios oferecidos no Vaticano, mas não comprei o ingresso com antecedência. Fomos num sábado, tudo estava lotado, filas e filas e filas. Demos uma olhadinha por fora e achamos melhor ir embora. Não valeria a pena perder um dia todo na fila, sendo que poderíamos conhecer mais lugares.

Estávamos quase saindo, quando um cambista veio nos oferecer um passeio astronômico por um preço baixíssimo. Como de costume, negamos e seguimos nosso caminho, mas ele insistiu muito, dizendo que era um passeio completo pelo Vaticano, incluindo a Basílica de São Pedro, os museus, a Capela Sistina, enfim, um tour completo.

O cambista queria nos cobrar 46 euros. Pesquisei num site de turismo no qual confio, e o mesmo passeio naquele mesmo dia estava custando 63 euros. Me lembrei de que ainda não tinha me dado mal com cambistas; na verdade, tinha me dado muito bem. Na Jordânia, por exemplo, não teria tido aquela vista incrível se não tivesse aceitado o passeio.

Resolvemos confiar na nossa intuição e topamos. Veio um homem e grudou um adesivo no nosso peito, onde se lia "English". A galera do inglês usava esse adesivo. Nós o acompanhamos a pé por dez minutos até entrar em uma portinha onde ficava a sede da agência de turismo que oferecia o passeio.

Resolvi ser esperto e pagar com cartão. Assim, se por acaso tentassem nos enrolar, eu poderia cancelar a compra depois. Mas antes de eu sacar o cartão, o Lucas já tinha pagado em dinheiro... Agora restava torcer para que desse tudo certo.

Disseram que teríamos que aguardar 45 minutos para o início do próximo tour. Decidimos então ir tomar alguma coisa nos cafés próximos dali. Andando na calçada, um garçom nos puxou para dentro pelo braço, já mostrando o cardápio.

A atendente da agência de turismo de Roma alertou para que não comêssemos em restaurantes próximos a atrações turísticas, pois, além de as comidas não serem boas, eram caras, perfeitas armadilhas.

Bem, como eu já estava brincando com a sorte e comprando passeios de cambistas, qual seria o mal de experimentar a tal comida ruim e enganosa? Pedi um nhoque quatro queijos. Talvez aquele nhoque fosse mesmo ruim para os padrões locais, mas, para mim, estava esplêndido.

Retornamos para encontrar nosso grupo. A guia falou que normalmente os grupos de visitação contavam com quinze pessoas no máximo. O nosso tinha cinquenta. Caminhamos por quinze minutos até chegar à entrada detrás do

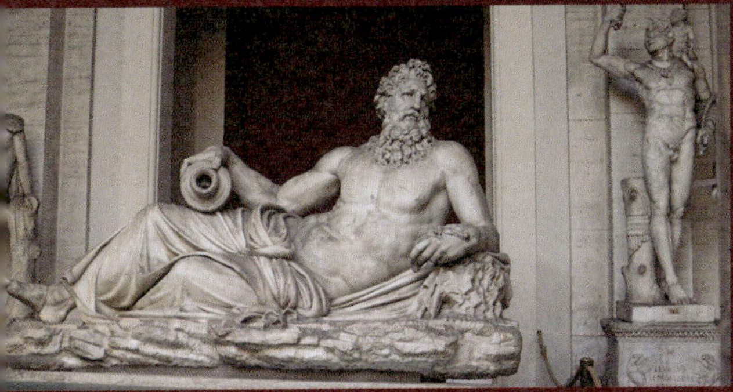
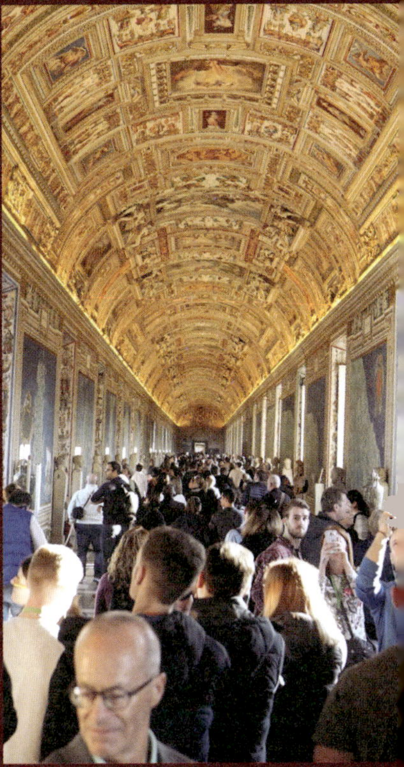
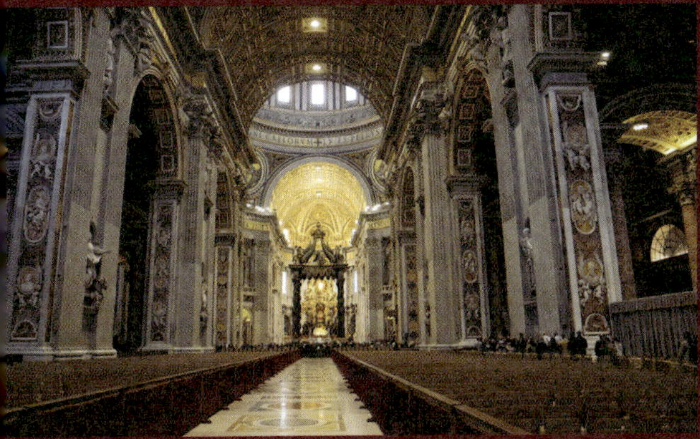
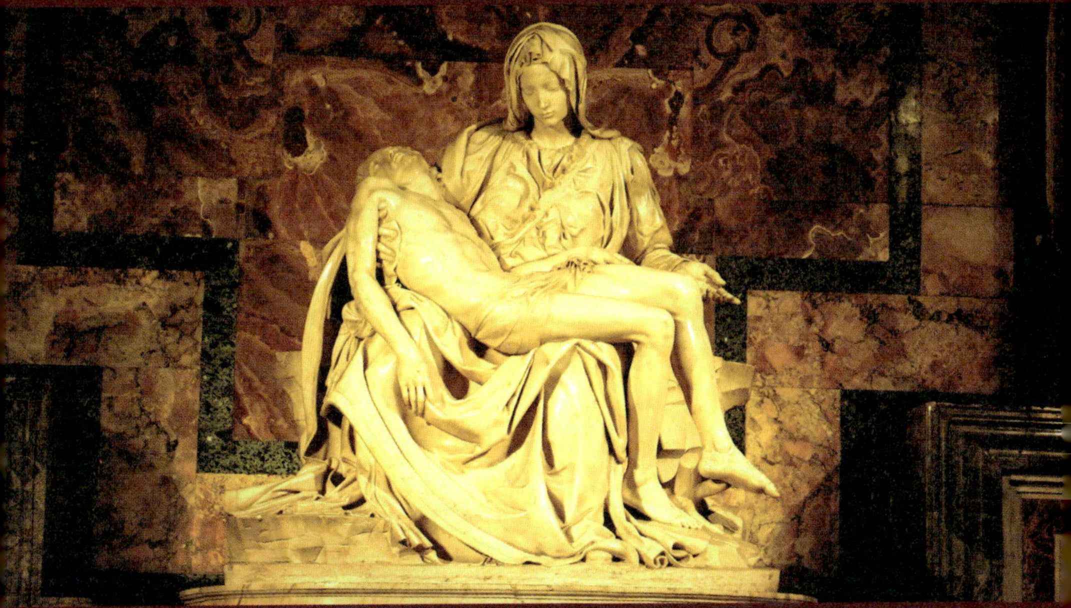

Vaticano. Como estávamos num grupo agenciado, furamos a fila. Passamos pelo detector de metais, pegamos um rádio que acompanhava um fone de ouvido, pelo qual a guia falava e nos explicava tudo. Estávamos dentro!

O Vaticano é o menor país do mundo. Dizem que é menor do que a embaixada dos Estados Unidos no Iraque. É também o único país que não tem uma avenida sequer, apenas ruas. O papa é o governante oficial, e pode criar leis sem consulta prévia.

Os museus ficam pertinho da basílica e são uma experiência única! São vários pequenos museus que juntos funcionam como um só. Lá é possível encontrar uma vasta coleção de peças de arte reunidas ao longo de muitos séculos. Aquelas galerias contêm toda a história do mundo: a estátua de Hércules, os bustos dos deuses da Roma Antiga, o sarcófago de Santa Helena, múmias.

Há também um arquivo secreto, onde estão várias correspondências, documentos, tratados e processos de Inquisição. Alguns famosos, como a condenação de Galileu Galilei, as cartas de Michelangelo e a anulação do casamento do rei Henrique VIII.

Em seguida, fomos à Capela Sistina, que, particularmente, foi o ápice do passeio. Aquela é a mais linda capela do mundo (linda é pouco). A guia nos contou um pouco da história por trás dos afrescos de Michelangelo no teto do templo. De acordo com ela, ocorreram problemas no terreno onde a capela está situada, por volta de 1504, o que provocou uma rachadura no teto. Então o papa da época iniciou o reparo do edifício. As equipes conseguiram recuperar a estrutura, mas não a pintura original do teto. Então o papa resolveu convidar Michelangelo para refazer o afresco (levaram alguns anos para convencê-lo). O artista renascentista fez tudo sozinho em cima de andaimes, sem ajuda de assistentes, numa tarefa que durou mais de quatro anos. O teto contava a história da bíblia com cenas do Antigo Testamento. Lá estão eternizadas a *Criação do Homem*, a *Expulsão do Jardim do Éden* e o *Dilúvio*.

Demos um passeio livre pela Basílica de São Pedro, erguida entre 1506 e 1626. É a maior igreja católica do mundo, e tem como um dos grandes destaques a escultura *Pietá*, também de Michelangelo. É a notável escultura que mostra Maria carregando o corpo de Jesus.

▶▶ Infine, il Colosseo!

No dia seguinte, acordamos e fomos a pé até o Coliseu, percorrendo um caminho repleto de ruas, vielas e lugares tipicamente italianos. O legal de andar por Roma, Paris e Londres é ter aquela familiaridade e aconchego do lugar mesmo sem ter pisado lá antes.

Filmes, imagens e documentários capturaram esses locais e os fizeram icônicos. Andar pelas ruas de Roma me fez sentir como se estivesse num filme do Woody Allen (*Para Roma com amor*). Adentramos algumas capelas pelo caminho que continham ilustrações e estátuas lindíssimas de diversos artistas renascentistas.

Vendedores ambulantes ofereciam colares com o rosto do papa, réplicas do Vaticano, do Coliseu e chaveiros com o capacete de Maximus, personagem de Russel Crowe no filme *Gladiador*. Após a caminhada, chegamos a uma avenida grande onde era possível ver o Coliseu ao longe. Entramos na fila mais curta, graças ao

Roma Pass! Passamos pelo detector de metais, já debaixo das colunas do anfiteatro.

Antes de visitar o Coliseu, alguns amigos haviam me alertado de que o lugar tinha uma energia estranha, um certo peso no ar. Eu duvidei, porém, ao chegar lá e subir as escadas, realmente comecei a sentir uma energia carregada. No entanto, isso não prejudicou a emoção que estava sentindo, apenas acrescentou à experiência.

O Coliseu é o maior e o mais famoso símbolo do Império Romano. Foi palco de diversas formas de entretenimento. Construído no século 1, foram necessários seis anos para a conclusão das obras. O estádio comportava mais de cinquenta mil pessoas. Ao fim das obras, foram realizados cem dias de atrações na arena, que incluíam execuções, batalhas navais, combates de gladiadores, lutas e caça de animais, encenações de famosas batalhas e dramas da mitologia.

Ei... "Batalha naval"? Sim, isso mesmo. A arena era inundada por meio de mecanismos de apoio, e então barcos eram postos para o combate. Durante cinco séculos, o Coliseu de Roma foi utilizado para esse tipo – bizarro para nós – de entretenimento.

Nesse passeio, a guia não estava junto. Então, fui andando pelos corredores, lendo as placas que contavam muito da história do anfiteatro e do seu contexto, as diversas maquetes espalhadas pelo primeiro piso. Aproveitei também para colar junto de diferentes grupos de turistas e ouvir as explicações dos guias para aprender mais sobre essa Maravilha do Mundo Moderno.

Foi muito bom subir até o último piso, ver a arena completa de cima e, por um instante, me projetar para a época em que todos os espaços da arquibancada estavam preenchidos, as pessoas gritando e torcendo enquanto os gladiadores lutavam por suas vidas na arena. Foi uma experiência bem forte.

Trastevere, casa da melhor pizza do mundo

Após a visita ao Coliseu, demos uma passada na famosa Fontana di Trevi. Então nos dirigimos ao bairro Trastevere, um dos mais charmosos de Roma. Um passeio pelas ruas estreitas de pedra, desviando de pequenas motos, pessoas estendendo roupas no varal da rua. Eu estava em busca de uma pizza, mas não qualquer uma: a melhor pizza de Roma, segundo a nossa amiga da agência de turismo.

E finalmente encontrei a pizza, que seria a última que comeria na Itália. Os atendentes da pizzaria não falavam inglês, então tínhamos que apontar para o cardápio e acenar com a cabeça. Um lugar típico, poucas opções de sabores. Com o cardápio em mãos, não foi difícil identificá-los. Pedi, então, uma marguerita, só para comparar com a que temos no Brasil. Uma pizza simples: molho de tomate, queijo e alguns temperos. Só mesmo algum segredo na preparação poderia fazer daquela a autêntica pizza italiana, melhor do que qualquer outra no mundo.

Bom, como era de se esperar, foi a melhor pizza que comi na Itália e, consequentemente, em toda a minha vida. Uma pequena portinha em Trastevere guardava a melhor iguaria da Itália. Sei exatamente onde fica, e pretendo voltar lá logo, logo!

Última caminhada por Roma. Ao voltar para o hotel, passei pelo Coliseu, pelo Fórum Romano e pela Piazza Venezia, e pude constatar que a cidade era mesmo encantadora. Diversos artistas nas ruas, pintores, dançarinos, músicos tocando ao vivo a cada quarteirão.

Roma é uma cidade inesgotável. Talvez seja impossível conhecer todos os seus encantos numa visita tão breve. Ainda bem que joguei minha moeda na Fontana di Trevi... Então, minha próxima visita já está confirmada! 🌎

»Agradecimentos

ANTES DE TUDO, gostaria de agradecer especialmente meus pais. Se eles não fossem quem são, eu não seria quem eu sou. O mérito de ter me tornado quem sou hoje não é exclusivamente meu, mas também dos meus pais, que me incentivaram e apoiaram minhas escolhas!

Luke Korns	Rodrigo Ruas
Gustavo Teles	Mariana Magalhães
Lucas Freire	Rodrigo Stupelli
Ana Leticia	Marisa Maruco
Patrícia Borges	Nathalie Colunna
Palmer Pires	Filipe Lafuente
Federico Devito	Rodrigo Mantovani
Hanin Ziyad	Vitória Buffa
Luana Lloyd	Roberto Sadovski
Caio César	Lucas Olioti

Além dos que estiveram comigo em pelo menos uma das viagens, agradeço também a todos os meus amigos e familiares que apoiaram essa aventura!

FONTE: Adelle

#Novo Século nas redes sociais